水利水电建筑工程高水平专业群工作手册式系列教材

水利工程施工放样实训

主　编　张雪锋　陶　攀　刘勇进
主　审　雷　恒

·北京·

内 容 提 要

本书是高等职业教育"双高校"建设规划教材，是教育部高等学校高职高专水利水电建筑工程专业教学指导委员会推荐教材。本书是依据《工程测量标准》（GB 50026—2020）、《水利水电工程施工测量规范》（SL 52—2015）、《水利水电工程测量规范》（SL 197—2013）编写完成的。全书包括基础测量、大比例尺地形图测绘、施工测量基本工作、渠道断面测量及土方量计算四个项目，每个项目按照"展示项目详情—布置实训任务—引导实施训练过程—考核评价训练成效—拓展提升训练技能"进行组织教学，以学生为中心，学生在合作中完成工作任务。

本书可作为高职、高专和职大水利水电类专业的实训教材，亦可作为水利水电工程技术人员的参考用书。

图书在版编目（CIP）数据

水利工程施工放样实训 / 张雪锋，陶攀，刘勇进主编. -- 北京 : 中国水利水电出版社，2022.5
水利水电建筑工程高水平专业群工作手册式系列教材
ISBN 978-7-5226-0820-4

Ⅰ. ①水… Ⅱ. ①张… ②陶… ③刘… Ⅲ. ①水利工程一工程施工一高等职业教育一教材 Ⅳ. ①TV52

中国版本图书馆CIP数据核字(2022)第114625号

书　　名	水利水电建筑工程高水平专业群工作手册式系列教材 **水利工程施工放样实训** SHUILI GONGCHENG SHIGONG FANGYANG SHIXUN
作　　者	主编　张雪锋　陶　攀　刘勇进 主审　雷　恒
出版发行	中国水利水电出版社 （北京市海淀区玉渊潭南路1号D座　100038） 网址：www.waterpub.com.cn E-mail：sales@mwr.gov.cn 电话：（010）68545888（营销中心）
经　　售	北京科水图书销售有限公司 电话：（010）68545874、63202643 全国各地新华书店和相关出版物销售网点
排　　版	中国水利水电出版社微机排版中心
印　　刷	清淞永业（天津）印刷有限公司
规　　格	184mm×260mm　16开本　8.5印张　207千字
版　　次	2022年5月第1版　2022年5月第1次印刷
印　　数	0001—4000册
定　　价	**35.00元**

前言

《国家职业教育改革实施方案》(国发〔2019〕4号)提出了教学内容和教材形式改革的两大任务，即“每3年修订1次教材，其中专业教材随信息技术发展和产业升级情况及时动态更新”，“倡导使用新型活页式、工作手册式教材并配套开发信息化资源”。本书贯彻《国家职业教育改革实施方案》(国发〔2019〕4号)精神，在教育部高等学校高职高专水利水电工程专业教学指导委员会指导下编写而成，是一本工作手册式教材。

本书以培养学生水利工程施工测量工作基本能力为核心，以任务为载体，依据学生不同基础，从基础测量、大比例地形图测绘、施工测量基本工作、渠道断面测量及土方量计算中选择性开展实训教学。本书选题具有鲜明的高职特色，突出对基本技能的训练与掌握，同时注重与课程思政、创新教育的有机融合。

本书依据最新《工程测量标准》(GB 50026—2020)、《水利水电工程施工测量规范》(SL 52—2015)、《水利水电工程测量规范》(SL 197—2013)等行业规范编写而成，可与张雪锋、刘勇进主编的《水利工程测量》(中国水利水电出版社出版)配套使用。

本书由黄河水利职业技术学院编写，张雪锋编写项目一、项目三；陶攀编写项目二；刘勇进编写项目四和附录。本书由张雪锋、陶攀、刘勇进担任主编，水利工程学院雷恒院长担任主审。

由于编写时间仓促、编写经验不足，内容编排难免有不妥之处，恳请读者批评指正。

编者

2022年5月

目录

项目1　基础测量

通过本项目的学习，学生能够完成水准、角度、距离及坐标测量。本项目共设置3个任务，分别为水准测量、角度和距离测量、坐标测量。

1. 项目概况

在学校测量实训场完成高程测量、角度测量、距离测量和坐标测量实训，实训场已有3个控制点KZ01、KZ02、KZ03，1个水准点BM_A，高程为76.15m（图1.1）。

控制点坐标如下：

KZ01：x=53438.218m，y=47061.985m，H=75.64m；

KZ02：x=52638.218m，y=47061.985m，H=75.95m；

KZ03：x=52636.325m，y=47562.228m，H=76.28m。

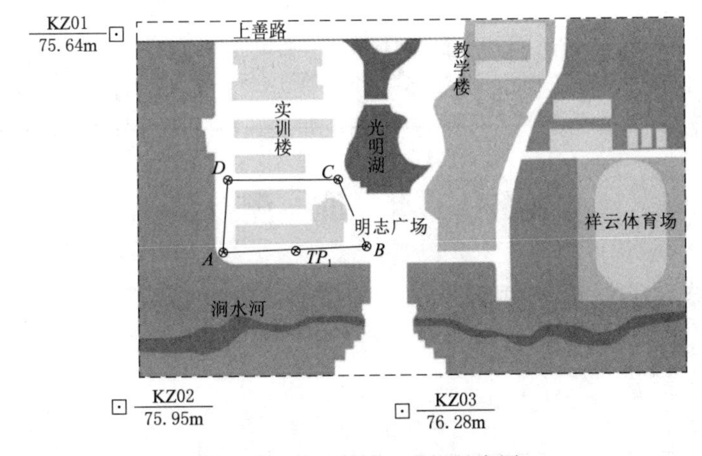

图1.1　学校测量实训场示意图

2. 内容

实训内容及目标见表1.1。

表1.1　实训内容及目标

学习任务	子任务	任务简介	课程思政元素	育人目标
任务1　水准测量	子任务1　水准仪的认识与使用	掌握水准测量原理及仪器使用方法	仪器使用中安全意识	1. 养成爱护仪器、保护仪器的习惯
	子任务2　普通水准测量	掌握水准测量观测、记录、计算的基本方法	合作意识、严肃认真、精益求精	1. 增强学生团队协作，强调养成良好习惯的重要性。 2. 培养新时代的工匠精神

续表

学习任务	子任务	任务简介	课程思政元素	育人目标
任务1　水准测量	子任务3　闭合水准测量	掌握闭合水准路线的施测方法； 掌握高差闭合差的计算与调整	爱国情怀、北斗精神、创新意识	1. 增强学生家国情怀和使命担当。 2. 培养学生创新意识
	子任务4　*i* 角检验	掌握 *i* 角误差产生的原因及调整方法	行业规范与遵纪守法	1. 认识数据不准确的危害，培养严谨求实、质量第一的职业素养
任务2　角度和距离测量	子任务1　全站仪的认识和使用	掌握测回法测量水平角、竖直角和水平距离的方法、步骤及技术要点	行业规范、团队协作、劳动精神	1. 增强学生守成创新的使命担当。 2. 培养学生吃苦耐劳的劳动精神
	子任务2　角度、距离测量	掌握角度、距离测量的概念、方法及技术要点	行业规范、团队协作、劳动精神	1. 培养合作共赢的团队精神，分组作业，友善包容的协作精神
任务3　坐标测量	子任务1　全站仪坐标测量	掌握全站仪野外数据采集的方法、步骤及技术要点	测经纬大地原植家国情怀、保密意识、劳动精神	1. 增强学生国家安全观、自我保密意识。 2. 培养学生吃苦耐劳的劳动精神
	子任务2　GNSS-RTK坐标测量	掌握 GNSS-RTK 野外数据采集的方法、步骤及技术要点	爱国情怀、北斗精神、创新意识	1. 增强学生家国情怀和使命担当。 2. 培养学生创新意识

任务1　水　准　测　量

子任务1　水准仪的认识与使用

1. 任务说明（表1.2）

表1.2　　　　**任　务　说　明**

(1) 任务要求	认识水准仪的构造；掌握水准仪的安置，照准和读数
(2) 技术要求	①安置仪器时，脚架应大致水平，架腿应踩实。 ②水准尺应直立，不得倾斜。 ③读数应根据水准尺刻划按由小到大的原则进行；先估读水准尺上的毫米数，然后报出全部读数；读数一般应为小数点后三位数，估读至毫米，即米、分米、厘米和毫米。 ④读数应迅速、果断、准确，不拖泥带水
(3) 工作步骤	①认识水准仪。 ②安置水准仪。 ③整平仪器。 ④照准水准尺。 ⑤读数并记录
(4) 仪器与工具	DS_3 水准仪1台、三脚架1个、水准尺1对、尺垫2个
(5) 需提交成果	水准仪各部件及作用表1份

2. 任务学习与实施

2.1 任务引导学习（表1.3）

表1.3　　　　**任务引导学习**

概念	定　　义
水准测量工具	水准仪、水准尺、尺垫、三脚架等，如图1.2所示
水准仪	目前，工程测量中常用的水准仪有自动安平水准仪（图1.3）和电子水准仪。我国的水准仪系列标准分为DS_{05}、DS_1、DS_3和DS_{10}四个等级。D是大地测量仪器的代号，S是水准仪的代号，均取大和水两个字汉语拼音的首字母。下标数字表示仪器的精度，是指各等级水准仪每千米往返测高差中数的中误差，以mm为单位
水准尺	水准标尺的简称，是指水准测量使用的标尺。常用的有塔尺、木质双面水准尺（图1.2）、铟瓦尺及条码尺等
尺垫	用于转点上的一种工具，用钢板或铸铁制成（图1.2）。使用时把三个尖脚踩入土中，把水准尺立在突出的圆顶上。尺垫可使转点稳固防止下沉，当水准尺转动方向时，尺底的高程不会改变
三脚架	用来安置、稳固水准仪，具有三个可伸缩的架腿的装置（图1.2）
水准仪的构造及功能	水准仪，主要由照准部、水准器和基座三部分组成（图1.3），各部分的具体组成和作用见表1.4

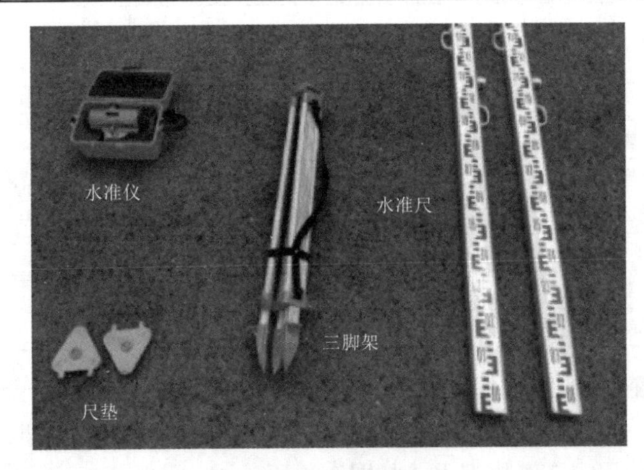

图1.2　水准测量工具

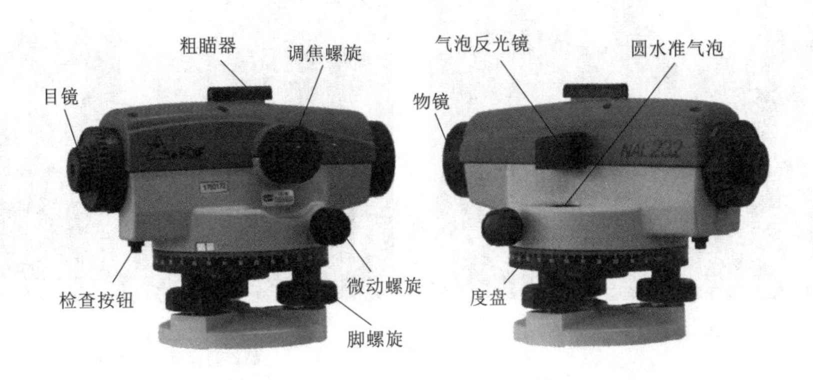

图1.3　苏一光NAL232自动安平水准仪

表 1.4 苏一光 NAL232 自动安平水准仪的构成及作用

序号	组成名称	构成及作用	
1	照准部	构成	目镜、物镜、调焦螺旋、十字丝分划板、微动装置
		作用	①提供水平视线。 ②照准目标，调焦螺旋使成像清晰并读数
2	水准器	构成	圆水准器
		作用	粗略整平，是竖轴竖直
3	基座	构成	轴座、脚螺旋、底板和三角压板
		作用	①安装仪器。 ②通过中心连接螺旋与三脚架连接。 ③三个脚螺旋用于粗略整平

2.2 任务计划实施

【步骤 1】 认识水准仪

认识水准仪各个部件及作用，见表 1.5。

表 1.5 水准仪各部件及作用

部件名称	功能
照准部	提供水平视线；照准目标
基座	安装仪器，通过中心螺旋与三脚架连接
目镜调焦螺旋	调节目镜，使十字丝成像清晰
物镜调焦螺旋	调节物镜，使目标成像清晰
微动螺旋	微动调节螺旋，使十字丝精确照准目标
粗瞄器	用于初步照准目标
圆水准器	粗略整平仪器
脚螺旋	用于整平仪器

【步骤 2】 安置水准仪

将三角架张开，架头大致水平，高度适中，用脚踩实架腿，使脚架稳定、牢固。然后用连接螺旋将水准仪固定在三脚架上，如图 1.4 所示。

(a) 打开三脚架，伸缩三个架腿使高度适中

(b) 从仪器箱中拿出仪器，通过中心连接螺旋将仪器固定在架头上

图 1.4 水准仪的安置

【步骤3】 整平仪器

首先观察气泡的位置，通过调节三脚架的架腿高度使仪器大致水平［图1.5（a）］，然后调整脚螺旋整平仪器［图1.5（b）］。

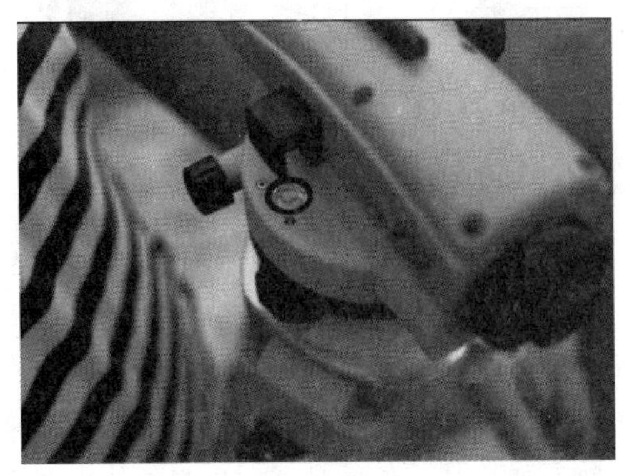

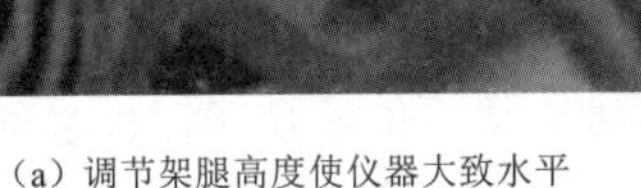

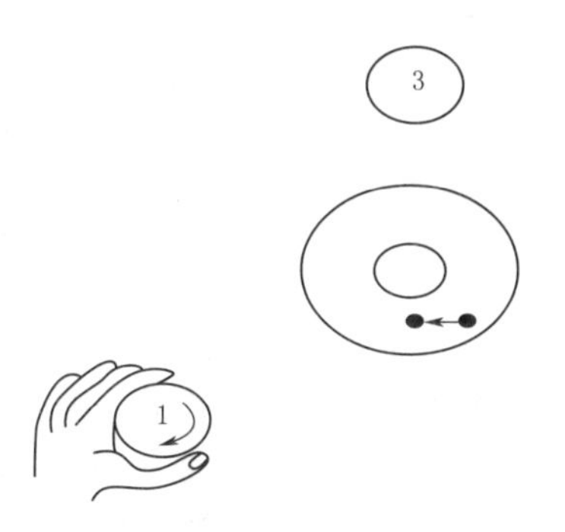

（a）调节架腿高度使仪器大致水平

（b）调节脚螺旋（①、②、③）使气泡居中

图1.5　仪器整平

【步骤4】 照准水准尺

首先调节目镜对光螺旋，使十字丝清晰；然后利用望远镜上的准星从外部瞄准水准尺［图1.6（a）］；再旋转物镜调焦螺旋使尺成像清晰［图1.6（b）］，即尺像落到十字丝平面上；最后用微动螺旋使十字丝竖丝照准水准尺，为了便于读数，也可使尺像稍偏离竖丝一些。需要注意的是照准目标时必须要消除视差。

当照准不同距离处的水准尺时，需重新调节物镜调焦螺旋使尺像清晰，但十字丝可不必再调。

（a）瞄准水准尺

（b）调节调焦螺旋使成像清晰

图1.6　照准水准尺

视差：当观测时把眼睛稍作上下移动，如果尺像与十字丝有相对的移动，即读数有改变，则表示有视差存在。其原因是尺像没有落在十字丝平面上［图1.7（a）、（b）］。存在视差时不可能得出准确的读数。消除视差的方法是一面稍旋转调焦螺旋一面仔细观察，直到不再出现尺像和十字丝有相对移动为止，即尺像与十字丝在同一平面上［图1.7（c）］。

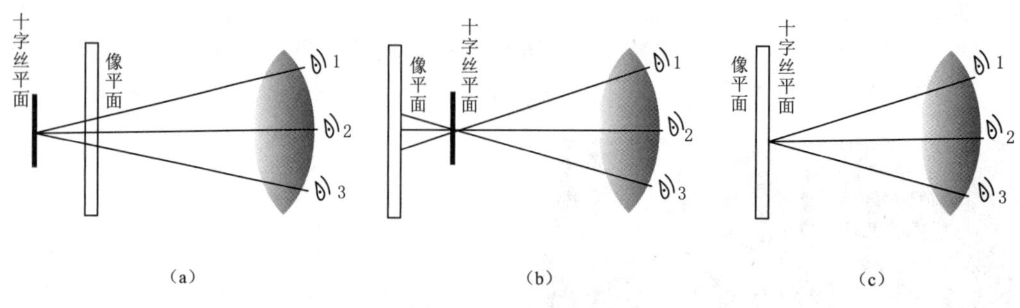

图1.7　十字丝视差

【步骤5】 读数并记录

读数前应先认清水准尺的分划特点，特别注意与注字相对应的分米分划线的位置。

读数时用十字丝中间的横丝读取水准尺的读数。从尺上可直接读出米、分米和厘米数，并估读出毫米数，所以每个读数必须有四位数。如果某一位数是零，也必须读出并记录，不可省略，如1.008m、0.506m、1.600m等；为了保证得出正确的水平视线读数，在读数前和读数后都应该检查气泡是否居中。如图1.6（b）所示，水准尺中丝读数为1325或1.325。

注意事项：

（1）仪器操作时，旋转螺旋时手感均应匀滑流畅，当脚螺旋突然旋转不动时，说明已至极限范围，切勿再用力旋拧。

（2）安置仪器时，应尽量使前后视距相等。

（3）脚螺旋调节的高度是有限的，因此调节架腿高度时应尽量使气泡接近里面的小圆圈，再使用脚螺旋调平。

2.3　任务评价反馈

考核标准见表1.6。

表1.6　　考核标准表

<table>
<tr><td>班级</td><td colspan="2"></td><td colspan="2">姓名</td><td colspan="2"></td></tr>
<tr><td>所在小组</td><td colspan="2"></td><td colspan="2">学号</td><td colspan="2"></td></tr>
<tr><td>小组成员</td><td colspan="6"></td></tr>
<tr><td>任务名称</td><td colspan="6"></td></tr>
<tr><td rowspan="2">评价项目</td><td rowspan="2">评价内容</td><td colspan="4">评价方式</td><td rowspan="2">备注</td></tr>
<tr><td>学生自评</td><td>小组评价</td><td>教师评价</td><td>技能考核</td></tr>
<tr><td rowspan="5">职业素养</td><td>1. 出勤情况</td><td></td><td></td><td></td><td rowspan="5"></td><td rowspan="5">考核等级：
优、良、中、及格、差
评价权重：
学生自评0.2；
小组评价0.3；
技能考核0.3；
教师评价0.2</td></tr>
<tr><td>2. 工作态度</td><td></td><td></td><td></td></tr>
<tr><td>3. 爱护仪器工具</td><td></td><td></td><td></td></tr>
<tr><td>4. 遵守制度</td><td></td><td></td><td></td></tr>
<tr><td>5. 吃苦耐劳</td><td></td><td></td><td></td></tr>
</table>

续表

评价项目	评价内容	评价方式				备注
		学生自评	小组评价	教师评价	技能考核	
专业能力	6. 资料的收集与利用情况					考核等级：优、良、中、及格、差 评价权重： 学生自评 0.2； 小组评价 0.3； 技能考核 0.3； 教师评价 0.2
	7. 作业方案的合理性					
	8. 操作的正确性					
	9. 团队成果质量					
	10. 履行职责情况					
	11. 提交资料及时、齐全					
协同创新能力	12. 沟通与交流					
	13. 对作业依据的把握					
	14. 作业计划的合理性					
	15. 作业效率					
综合评价						

3. 任务拓展信息

电子水准仪：又称数字水准仪。电子水准仪是以自动安平水准仪为基础，在望远镜的光路中增加分光镜和光电探测器等部件，并采用条形码分划水准尺和图像处理电子系统构成的光、机、电及信息存储与处理的一体化水准测量系统。

与自动安平水准仪相比，电子水准仪具有如下特点：

（1）电子读数。用自动电子读数代替人工读数，不存在读错、记错等问题，消除了人为读数误差。

（2）读数精度高。读数都是采用大量条码分划图像经处理后取平均值，因此削弱了标尺分划误差，自动多次测量，削弱外界条件影响。

（3）速度快、效率高。数据采集自动记录、检核、处理和存储，可实现水准测量从外业数据采集到最后成果处理的内外业一体化。

（4）操作简单。由于仪器实现了读数、记录的自动化，并且预存了大量测量和检核程序，在操作中还有实时提示，即使非专业人员也能很快熟练掌握使用仪器。

电子水准仪的构造：以天宝 DINI03 电子水准仪为例，其由基座、水准器、望远镜及数据处理系统组成，主要部件名称如图 1.8 所示。

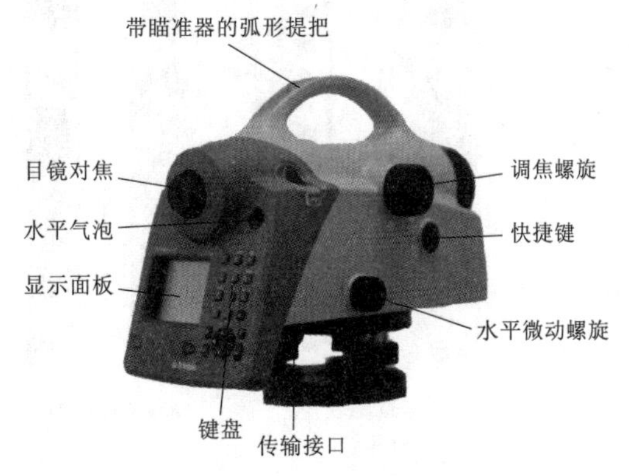

图 1.8 天宝 DINI03 电子水准仪

塔尺：是指通常由铝合金等轻质高强材料制成，采用塔式收缩形式［图 1.9 (a)］，在使用时方便抽出，单次高程测量范围大大提高，长度一般为 5m，携带时将其收缩即可，因其形状类似塔状，故常称之为塔尺。

塔尺因连接处稳定性差，仅适用于普通水准测量。

双面水准尺：一般用优质木材制成，双面（黑面、红面）刻划的直尺［图 1.9（b）］。双面水准尺一般尺长 3m，尺面每隔 1cm 涂一黑白或红白相间的分格，每 1dm 处注有数字。尺子底部钉有铁片，以防磨损。双面尺的一面为黑白相间，称为黑面尺；另一面红白相间称为红面尺。在水准测量中，水准尺必须成对使用。每对双面水准尺黑面尺底部的起始数均为零，而红面尺底部的起始数分别为 4687mm 和 4787mm，这两个不同的起始数称为尺常数 K。水准尺侧面装有圆水准器，可使水准尺精确地处于竖直位置。

双面水准尺因有黑、红面的检核，配合相应的水准仪，适用于三、四等水准测量。

铟瓦尺：又称铟钢尺。如图 1.9（c）所示，其刻划印刷在铟瓦合金钢带上，这种合金钢的膨胀系数小，保证了水准尺的尺长准确而稳定，为使铟瓦合金钢带尺不受木质尺身的伸缩影响，以一定的拉力将其引张在木质尺身的凹槽内。带尺上刻有 5mm 或 10mm 间隔的刻划线，数字注记在木尺上。

铟瓦尺配合精密水准仪适用于精密水准测量，如一、二等水准测量，变形观测等。

条形编码水准尺：是指条形码刻划印刷在铟瓦合金钢条或玻璃钢的尺身上的水准尺［图 1.9（d）］，与电子水准仪配套使用，可用于一等水准测量。注意不同生产厂家的电子水准仪，都有配套的条码尺，不能混用。

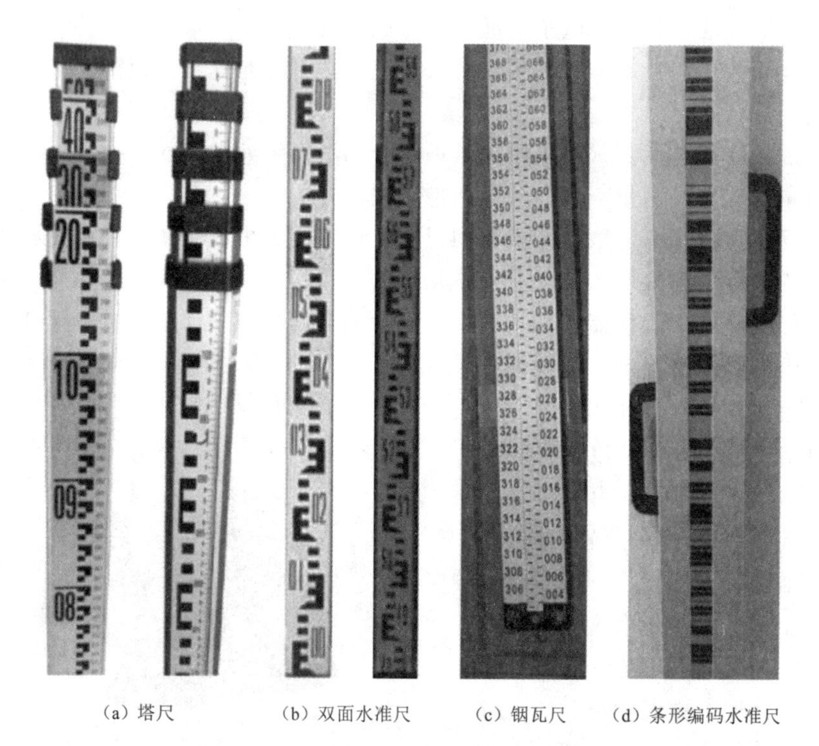

（a）塔尺　　（b）双面水准尺　　（c）铟瓦尺　　（d）条形编码水准尺

图 1.9　水准尺

子任务2　普通水准测量

1. 任务说明（表1.7）

表1.7　任务说明

（1）任务要求	已知水准点 BM_A 的高程为76.15m，从 A 点出发，通过转点 TP_1，测定 B 点的高程（图1.10）
（2）技术要求	分别用变动仪器高（超过10cm）和双面尺法检核，要求测站检核高差不超过±6mm
（3）工作步骤	①选取已知点 A 作为后视点。 ②整平仪器。 ③读取后视中丝读数并记录。 ④选取转点。 ⑤读取前视中丝读数并记录。 ⑥搬站。 ⑦读数并记录。 ⑧改变仪器高测量。 ⑨红面测量
（4）仪器与工具	DS_3 水准仪1台、三脚架1个、水准尺1对、尺垫2个
（5）需提交成果	普通水准测量记录表1份

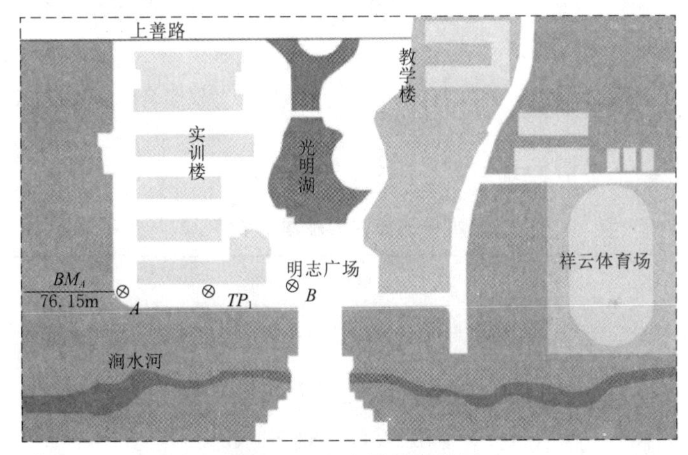

图1.10　水准测量示意图

2. 任务学习与实施

2.1　任务引导学习

表1.8　任务引导学习

概念	定　义
水准测量	利用水准仪提供的一条水平视线，读取竖立于地面两点上水准尺的读数，测定两点间的高差，然后根据已知点的高程推算出待测点的高程
高差	当水准仪视线水平时，依次照准 A、B 两点的水准尺分别读得读数 a 和 b，则 A、B 两点的高差等于两个标尺读数之差。即：$h_{AB}=a-b$（图1.11）。 高差的值可能是正，也可能是负，正值表示待求点 B 高于已知点 A，负值表示待求点 B 低于已知点 A。 高差的正负号又与测量进行的方向有关，如图1.11中测量由 A 向 B 进行，高差用 h_{AB} 表示，其值为正；反之由 B 向 A 进行，则高差用 h_{BA} 表示，其值为负。因此说明高差时必须标明高差的正负号，同时要说明测量进行的方向

续表

概念	定　义
视线高	仪器整平后的水平视线的高度即为视线高，视线高 $H_i = H_A + a = H_B + b$（图 1.11）
高差法计算 B 点高程	B 点的高程为：$H_B = H_A + h_{AB}$

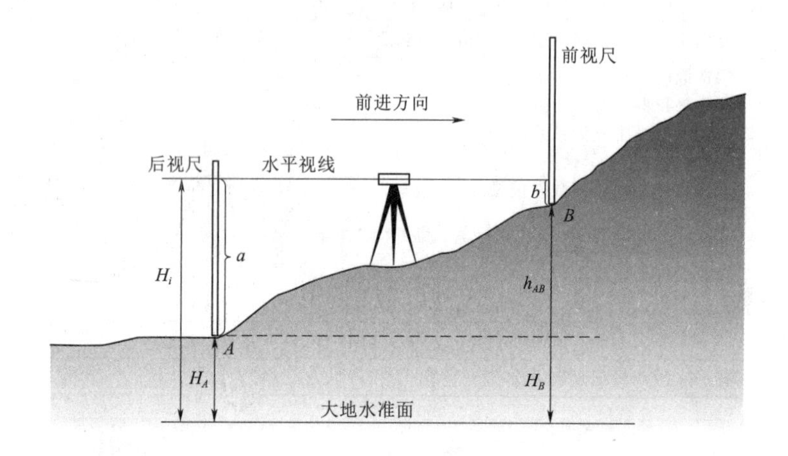

图 1.11　水准测量示意图

水准测量中的基本术语见表 1.9。

表 1.9　　水准测量中的基本术语

序号	名称	概　　念	备注
1	后视点	若沿 AB 方向测量，则规定 A 为后视点	如图 1.11 所示
2	前视点	若沿 AB 方向测量，则规定 B 为前视点	
3	后视尺	后视点上竖立的水准尺	
4	前视尺	前视点上竖立的水准尺	
5	后视读数	后视点上水准尺读数，如读数 a	
6	前视读数	前视点上水准尺读数，如读数 b	

2.2　任务计划实施

【步骤 1】　选取已知点 A 作为后视点

在水准点 A 上竖立水准尺，作为后视。

【步骤 2】　安置仪器

在路线上适当距离的地方安置水准仪（离水准尺最远不应超过 150m），整平仪器，如图 1.12 所示。

【步骤 3】　读取后视中丝读数并记录

照准后视尺，消除视差，读取中丝读数并计入手簿（表 1.10）。

图 1.12　安置仪器

表 1.10　　　　**普通水准测量记录表**

班级__________　组号__________　观测者__________　记录者__________

仪器型号__________　日期__________　测量时间__________

测站	测点	后视读数/m	前视读数/m	高差/m	高程/m	备注
1	A	1.340		−0.040	76.150	正常仪器高
	TP_1		1.380			
2	TP_1	1.320		+0.010		
	B		1.310		76.120	
检核计算	$\sum a$	2.660		$\sum h=-0.030$	$H_B-H_A=76.120-76.150=-0.030$ (m)	
	$\sum b$		2.690			
	$\sum a-\sum b=2.660-2.690=-0.030$					
3	A	1.363		−0.038	76.150	变换仪器高
	TP_1		1.401			
4	TP_1	1.343		+0.012		
	B		1.331		76.124	
检核计算	$\sum a$	2.706		−0.026	$H_B-H_A=76.124-76.150=-0.026$ (m)	
	$\sum b$		2.732			
	$\sum a-\sum b=2.706-2.732=-0.026$					
5	A	6.020		−0.142	76.150	红面，后视4687，前视4787
	TP_1		6.162			
6	TP_1	6.100		+0.114		
	B		5.986		76.122	
检核计算	$\sum a$	12.120		−0.028	$H_B-H_A=76.122-76.150=-0.028$ (m)	
	$\sum b$		12.148			
	$\sum a-\sum b=12.120-12.048=-0.028$					

【步骤4】 选取转点

在适当高度和距离的地方选定一个转点，将尺垫踩实，在尺垫上竖立水准尺，作为前视。

【步骤5】 读取前视中丝读数并记录

转动水准仪，照准前视尺，消除视差，读取中丝读数并计入手簿（表1.10）。

【步骤6】 搬站

前视尺位置不动，变作后视；水准仪移到前面适当高度和距离的地方安置；将原来的后视尺移到前面作为前视，如图1.13所示。

图1.13　搬站

【步骤7】 读数并记录

按照步骤3、步骤5的方法分别读取后、前视中丝读数并计入手簿（表1.10）。

【步骤8】 变换仪器高

通过变换仪器高（至少10cm），按照步骤1～步骤7的方法重新测量并计入手簿（表1.10）。

【步骤9】 红面测量

按照步骤1～步骤7的方法重新测量，读红面中丝读数并计入手簿（表1.10）。

注意事项：

（1）在已知点和待测点上立尺时，不能放置尺垫。

（2）仪器未搬站，后视点尺垫不能移动。

（3）水准尺应竖直，不能左右偏移，更不能前俯后仰。

（4）应先读后视，后读前视。后视与前视之间若圆气泡不再居中，如未偏出圆圈，可继续施测，如因碰动脚架而偏出圆圈，则应重新整平，后视亦应重新观测。

（5）记录、计算字迹要工整清晰，读错或记错的数据应当以横线或斜线划去，将正确数据记录在它的下方，不能就字改字，不能连环涂改。

2.3 任务评价反馈

考核标准见表1.11。

表 1.11 **考核标准表**

班级				姓名		
所在小组				学号		
小组成员						
任务名称						
评价项目	评价内容	评价方式				备注
		学生自评	小组评价	教师评价	技能考核	
职业素养	1. 出勤情况					考核等级：优、良、中、及格、差 评价权重：学生自评 0.2；小组评价 0.3；技能考核 0.3；教师评价 0.2
	2. 工作态度					
	3. 爱护仪器工具					
	4. 遵守制度					
	5. 吃苦耐劳					
专业能力	6. 资料的收集与利用情况					
	7. 作业方案的合理性					
	8. 操作的正确性					
	9. 团队成果质量					
	10. 履行职责情况					
	11. 提交资料及时、齐全					
协同创新能力	12. 沟通与交流					
	13. 对作业依据的把握					
	14. 作业计划的合理性					
	15. 作业效率					
综合评价						

子任务3 闭合水准测量

1. 任务说明（表 1.12）

表 1.12 **任务说明**

(1) 任务要求	已知水准点 BM_A 的高程为 76.15m，从 A 点出发，施测一条闭合路线，在场地上选定 3 个待测高程点 B、C、D，与 A 点构成一条闭合水准路线（图 1.14）。在两个高程点之间，根据实际情况，最好设置 1～2 个转点
(2) 技术要求	①检核计算：后视读数之和减去前视读数之和应等于高差之和。高差闭合差 $f_h=\sum h_{测}$。 ②水准路线高差闭合差限差为 $\pm 12\sqrt{n}$mm 或 $\pm 40\sqrt{L}$mm（n 为测站总数，L 为以 km 为单位的水准路线长度）。 ③观测精度满足要求后，根据观测结果进行高差闭合差的调整和高程计算
(3) 工作步骤	①测量 A 和转点 TP_1 两点高差。 ②转站。 ③同样的方法依次观测整条水准路线，最后回到已知高程点 A。 ④检核。 ⑤闭合差的调整和高程计算
(4) 仪器与工具	DS_3 水准仪 1 台、三脚架 1 个、水准尺 1 对、尺垫 2 个
(5) 需提交成果	闭合水准测量记录手簿 1 份

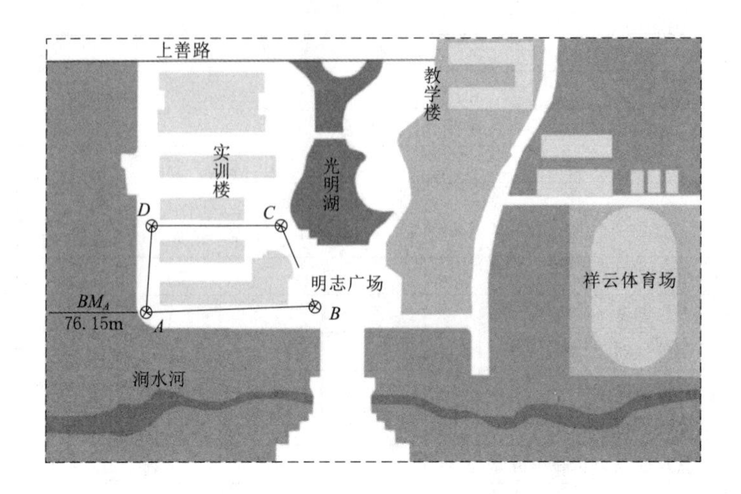

图 1.14 闭合水准测量示意图

2. 任务学习与实施

2.1 任务引导学习（表 1.13）

表 1.13 **任务引导学习**

概念	定义
水准路线	在水准点之间进行水准测量所经过的路线。水准路线有以下 3 种形式：附合水准路线、闭合水准路线、支水准路线，如图 1.15 所示
附合水准路线	水准测量从一个已知高程水准点 BM_A 开始，沿各高程待定点 1、2、3... 进行水准测量，最后附合到另一已知高程水准点 BM_B 的水准路线［图 1.15（a）］。 附合水准路线各测站所测高差之和的理论值应等于由已知水准点的高程计算的高差，即有：$\sum h_{理}=H_B-H_A$
闭合水准路线	是水准测量从一个已知高程水准点 BM_A 开始，沿各高程待定点 1、2、3... 进行水准测量，最后返回到原来水准点 BM_A 的水准路线［图 1.15（b）］。 闭合水准路线各测站所测高差之和的理论值应等于零，即有：$\sum h_{理}=0$
支水准路线	是水准测量从一已知高程的水准点 BM_A 开始，最后既不附合也不闭合到已知高程的水准点上的一种水准路线［图 1.15（c）］。 这种形式的水准路线由于不能对测量成果自行检核，因此必须进行往测和返测。理论上，往测高差应与返测高差大小相等，符号相反，即有：$\sum h_{往}+\sum h_{返}=0$
水准路线检核	指将水准路线的测量结果与理论值比较，来判断水准路线的观测精度是否符合要求

2.2 任务计划实施

【步骤 1】 测量 $A—TP_1$ 两点高差

从已知点 A 开始，按照预定路线逐站施测，在 A 点和转点 TP_1 之间安置仪器，转点需要放尺垫。仪器整平后，分别读取后视读数和前视读数，记入闭合水准路线手簿（表 1.14）。

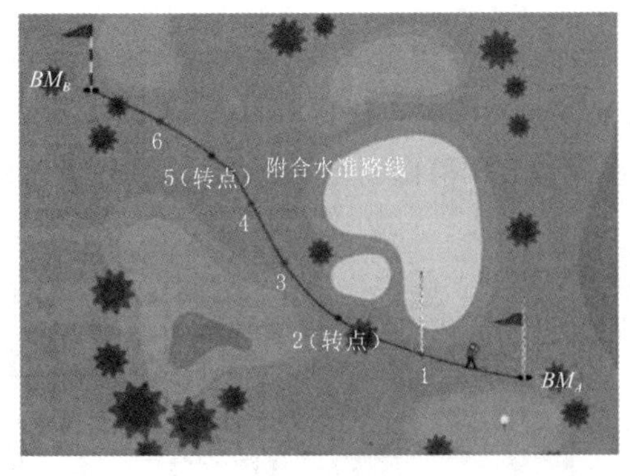

(a) 附合水准路线

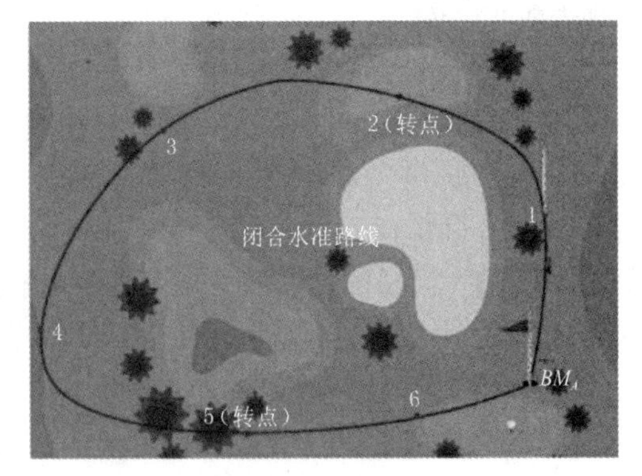

(b) 闭合水准路线

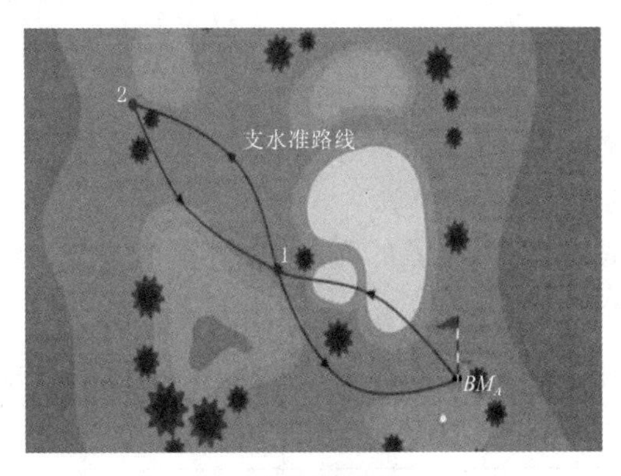

(c) 支水准路线

图 1.15 水准路线

表 1.14 闭合水准测量记录手簿

班级__________ 组号__________ 观测者__________ 记录者__________

仪器型号__________ 日期__________ 测量时间__________

测站	测点	后视读数/m	前视读数/m	备注
1	A	1.280		
	TP_1		1.298	
2	TP_1	1.240		
	B		1.249	
3	B	1.259		
	C		1.240	
4	C	1.250		
	TP_2		1.261	
5	TP_2	1.233		
	D		1.243	
6	D	1.212		
	A		1.200	

【步骤 2】 转站

第一站结束后，搬仪器至第二站，注意前后视距要大致相等。TP_1 上尺垫不动，将水准尺转至朝向仪器，并由第一站的前视变为第二站的后视；将 A 点水准尺向前移至另一点上，并作为第二站的前视。分别读取后视中丝读数和前视中丝读数，记入闭合水准路线手簿（表 1.14）。

【步骤 3】 同样的方法依次观测整条水准路线

同样的方法依次观测整条水准路线，最后回到已知高程点 A。

【步骤 4】 检核

整条线路测完后，现场进行检核计算，并计算高差闭合差。高差闭合差应在限差之内，否则，应当返工。

计算高差闭合差 f_h 和高差闭合差的容许值 $f_{h容}$

当实际的高程闭合差在容许值以内时，即 $f_h < f_{h容}$（$f_{h容} = \pm 40\sqrt{L}$ 或 $f_{h容} = \pm 12\sqrt{n}$），方可进行后续计算；否则说明外业成果不符合要求，必须重测。

【步骤 5】 闭合差的调整和高程计算

对符合要求的观测成果进行闭合差的调整和高程计算（表 1.15）。

表 1.15　　闭合水准路线的成果计算表

点名	测站数	实测高差/m	高差改正数/m	改正后高差/m	高程/m	备注
A					76.15	
	2	−0.027	−0.004	−0.031		
B					76.119	
	1	+0.019	−0.002	+0.017		
C					76.316	
	2	−0.021	−0.004	−0.025		
D					76.111	
	1	+0.041	−0.002	+0.039		
A					76.15	
Σ	6	+0.012	−0.012	0		
检核计算	$f_h = \Sigma h_{测} = +0.012$ $f_{h容} = \pm 12\sqrt{n} = \pm 12\sqrt{6} = \pm 29.4$					

（1）高差闭合差的调整与分配。

高程测量的误差是随水准路线的长度或测站数的增加而增加，所以分配的原则是把闭合差以相反的符号根据各测段路线的长度或测站数按比例分配到各测段的高差上。故各测段高差的改正数为

$$v_i = -\frac{f_h}{\Sigma L} \cdot L_i$$

或

$$v_i = -\frac{f_h}{\Sigma n} \cdot n_i$$

式中：L_i、n_i 分别为各测段路线之长和测站数；ΣL_i、Σn_i 分别为水准路线总长和测站总数。

（2）计算改正后的高差。

将各段高差观测值加上相应的高差改正数，求出各段改正后的高差，即

$$h_{i改}=h_{i测}+v_i$$

（3）计算各点高程。

根据改正后的高差，由起点高程逐一推算出其他各点的高程。最后一个已知点的推算高程应等于它的已知高程，以此检验计算是否正确。

注意事项：

（1）仪器安置稳固，前后视距应大致相等。

（2）在已知点和待测点上不应放置尺垫，而转点则必须放置尺垫。

（3）作为前视点的转点，当仪器迁站时不得有任何移动；而作为后视点的转点，只有当该测站观测工作全部完毕，仪器搬离后才能移动。

（4）每次读数前要注意观察气泡要严格居中，读数时注意消除视差，读数时水准尺应保持直立。

（5）调整高差闭合差时，只需调整待测水准点的高差，无须计算中间各转点的高程。

2.3　任务评价反馈

考核标准见表1.16。

表1.16　　**考核标准表**

班级				姓名		
所在小组				学号		
小组成员						
任务名称						
评价项目	评价内容	评价方式				备注
		学生自评	小组评价	教师评价	技能考核	
职业素养	1. 出勤情况					考核等级：优、良、中、及格、差 评价权重：学生自评0.2；小组评价0.3；技能考核0.3；教师评价0.2
	2. 工作态度					
	3. 爱护仪器工具					
	4. 遵守制度					
	5. 吃苦耐劳					
专业能力	6. 资料的收集与利用情况					
	7. 作业方案的合理性					
	8. 操作的正确性					
	9. 团队成果质量					
	10. 履行职责情况					
	11. 提交资料及时、齐全					
协同创新能力	12. 沟通与交流					
	13. 对作业依据的把握					
	14. 作业计划的合理性					
	15. 作业效率					
综合评价						

3. 任务拓展信息

利用 Excel 进行闭合水准路线成果计算：

首先，输入已知数据：点名（A 列）、测站数（B 列）、观测高差（C 列）、已知点 BM_1 的高程，然后输入公式，计算闭合差、改正数及各点高程。公式输入如图 1.16 所示。

	A	B	C	D	E	F
1	点名	测站数	观测高差/m	改正数/m	改正后高差/m	高程/m
2	BM_1					152.358
3	A	4	0.746	C7/B7*B3	C3+D3	F2+E3
4	B	4	1.374	C7/B7*B4	C4+D4	F3+E4
5	C	8	−2.553	C7/B7*B5	C5+D5	F4+E5
6	BM_1	6	0.405	C7/B7*B6	C6+D6	F5+E6
7	总和	22	0.028	SUM(D3:D6)	SUM(E3:E6)	
8	闭合差/m	$\Sigma h=$	C7			
9	容许值/m	$f_{h允}=\pm 12\sqrt{n}$	12*SQRT(B7)			
10	每站高差改正数/m	$v_i=-\Sigma h/n$	C8/B7			
11	备注：粗体字为已知数据，其他为计算数据；公式前需加等号。					

图 1.16 Excel 进行闭合水准路线计算的公式输入

如果计算无误，则 D7（改正数之和）的计算结果应等于 C8（闭合差）结果的反号。

如果计算无误，则 E8（改正后高差之和）的计算结果应等于 0。

如果计算无误，则 F7（已知点的高程）的计算结果应等于 F2（已知点的高程）的值。

当改正数出现凑整误差时，可手动修改改正数。

计算结果同表 1.15。

子任务 4 *i* 角检验

1. 任务说明（表 1.17）

表 1.17 任务说明

(1) 任务要求	每组完成 1 台水准仪的 i 角检验（水准管轴平行于视准轴的检验）
(2) 技术要求	当 i 角大于 20″时，需要校正
(3) 工作步骤	①选点、安置仪器。 ②测两点之间高差。 ③移动仪器至前视尺附近，测两点之间高差。 ④计算 i 角
(4) 仪器与工具	DS_3 水准仪 1 台、三脚架 1 个、水准尺 1 对、尺垫 2 个
(5) 需提交成果	i 角检验记录手簿

2. 任务学习与实施

2.1 任务引导学习

i 角误差：若水准管轴不平行于视准轴，会出现一个交角 i（图 1.17），由 i 角的影响

产生的误差称为 i 角误差。此项检验也称为 i 角检验。

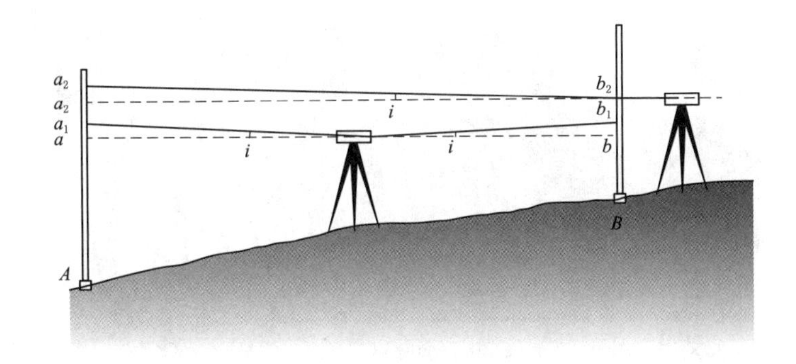

图 1.17 水准管轴的检验

2.2 任务计划实施

【步骤 1】 选点、安置仪器

在比较平坦的地面上选择相距 80m 的 A、B 两点，分别在两点上安置尺垫，踩实并立上水准尺。

【步骤 2】 测两点之间高差

安置水准仪于 A、B 两点中间，如图 1.18 所示，使两端距离严格相等，测得后视读数 a_1 和前视读数 b_1，用变动仪器法或双面尺法测出 A、B 两点的高差，记入 i 角检验记录手簿表 1.18，若两次高差之差不超过 3mm，则取其平均值作为两点的高差 h_{AB}。

图 1.18 安置水准仪于 A、B 两点中间

【步骤 3】 移动仪器至前视尺附近，测两点之间高差

将仪器搬至距前视尺约 3m 处，如图 1.19 所示，读后视读数 a_2 和前视读数 b_2，记入 i 角检验记录手簿表 1.18。根据高差 h_{AB} 求出后视尺正确读数 $a_2'=h_{AB}+b_2$。

【步骤 4】 计算 i 角

图 1.19　安置水准仪在前视尺附近

按 $i=|a_2-a_2'|\rho/D_{AB}$，计算 i 角，式中：D_{AB} 为 A、B 两点间距离，$\rho=206265''$。当 i 角大于 20″时，仪器需要校正。

表 1.18　　　　**i 角检验记录手簿**

班级＿＿＿＿＿＿　组号＿＿＿＿＿　观测者＿＿＿＿＿　记录者＿＿＿＿＿

仪器型号＿＿＿＿＿　日期＿＿＿＿＿　测量时间＿＿＿＿＿

<table>
<tr><th colspan="3">仪器在中间求正确高差</th><th colspan="3">仪器在前视点旁检验结果</th></tr>
<tr><td rowspan="3">第一次</td><td>后视读数 a_1</td><td>0862</td><td rowspan="4">第一次</td><td>后视读数 a_2</td><td>0863</td></tr>
<tr><td>前视读数 b_1</td><td>0962</td><td>前视读数 b_2</td><td>0968</td></tr>
<tr><td>$h_1=a_1-b_1$</td><td>−0100</td><td>后视读数 $a_2'=h_{AB}+b_2$</td><td>0867</td></tr>
<tr><td rowspan="3">第二次</td><td>后视读数 a_1'</td><td>0859</td><td>误差值 $a_2'-a_2$</td><td>0.004</td></tr>
<tr><td>前视读数 b_1'</td><td>0961</td><td rowspan="5"></td><td></td><td></td></tr>
<tr><td>$h_2=a_1'-b_1'$</td><td>−0102</td><td></td><td></td></tr>
<tr><td rowspan="3"></td><td rowspan="3">$h_{AB}=\frac{1}{2}(h_1+h_2)=-0101$</td><td></td><td></td><td></td></tr>
<tr><td></td><td></td><td></td></tr>
<tr><td></td><td>i 角</td><td>10</td></tr>
<tr><td>结论</td><td colspan="5">$i=|a_2-a_2'|\rho/D_{AB}=0.004\times206265/80\approx10$，即 i 角小于 20″，无须校正</td></tr>
</table>

2.3　任务评价反馈

考核标准见表 1.19。

3. 任务拓展信息

水准测量规范规定，用于一、二等水准测量的水准仪 i 角不应大于 15″，用于其他等级水准测量的水准仪 i 角不应大于 20″；否则，应进行水准仪水准管平行于视准轴的校正。在水准测量作业期间，自动安平光学水准仪每天检验一次 i 角，作业开始后的 7 个工作日内，若 i 角稳定，以后每隔 15 天检测一次；数字水准仪在整个作业期间应每天开测前都进行一次 i 角检测。

表 1.19　　考核标准表

班级				姓名		
所在小组				学号		
小组成员						
任务名称						
评价项目	评价内容	评价方式				备注
		学生自评	小组评价	教师评价	技能考核	
职业素养	1. 出勤情况					考核等级：优、良、中、及格、差 评价权重：学生自评 0.2；小组评价 0.3；技能考核 0.3；教师评价 0.2
	2. 工作态度					
	3. 爱护仪器工具					
	4. 遵守制度					
	5. 吃苦耐劳					
专业能力	6. 资料的收集与利用情况					
	7. 作业方案的合理性					
	8. 操作的正确性					
	9. 团队成果质量					
	10. 履行职责情况					
	11. 提交资料及时、齐全					
协同创新能力	12. 沟通与交流					
	13. 对作业依据的把握					
	14. 作业计划的合理性					
	15. 作业效率					
综合评价						

任务2　角度和距离测量

子任务1　全站仪的认识和使用

1. 任务说明（表 1.20）

表 1.20　　任务说明

(1) 任务要求	熟悉全站仪的基本构造和各部件的功能；掌握全站仪的使用方法（对中、整平、照准、读数）
(2) 技术要求	对中误差不超过 2mm；整平误差不超过 1 格
(3) 工作步骤	①熟悉全站仪的基本构造和各部件的功能。 ②全站仪的对中、整平。 ③全站仪的照准、读数
(4) 仪器与工具	2″全站仪 1 台、三脚架 3 个、棱镜组 2 对、5m 钢卷尺 1 把
(5) 需提交成果	全站仪构造认识、全站仪按键功能

2. 任务学习与实施

2.1 任务引导学习（表1.21）

表1.21 **任务引导学习**

概念	定　义
全站仪	由电子测角、电子测距、电子计算和数据存储等单元组成的三维坐标测量系统，能自动显示测量结果，能与外围设备交换信息的多功能测量仪器。由于较完善地实现了测量和处理过程的电子一体化，所以通常称之为全站型电子速测仪（Electronic Total Station）或简称全站仪，如图1.20所示
全站仪的精度	作为一种光电测距与电子测角和微处理器综合的外业测量仪器，其主要的精度指标为测距标准差 m_D 和测角标准差 m_β。仪器根据测距标准差，即测距精度，按国家标准，分为三个等级。小于5mm为Ⅰ级仪器，标准差大于5mm小于10mm为Ⅱ级仪器，大于10mm小于20mm为Ⅲ级仪器。仪器根据测角标准差分为0.5″、1″、2″、5″等多个等级
照准设备	角度测量的照准标志，一般指竖立于测点的测钎、微型棱镜、单棱镜组或三棱镜组等（图1.21）

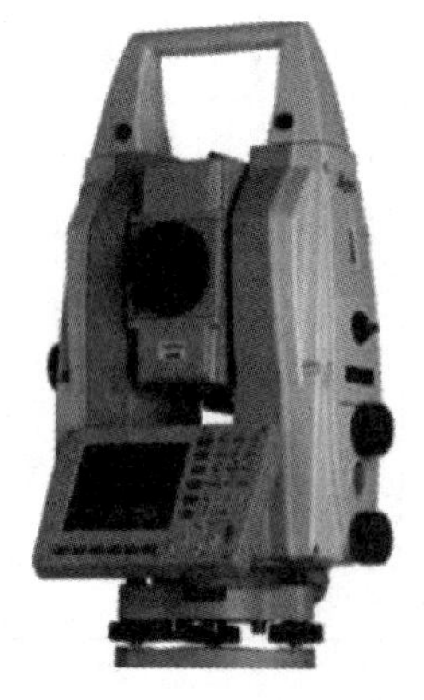

（a）瑞士莱卡TC系列

（b）日本拓普康GPT系列

（c）日本索佳SET系列

（d）日本尼康DTM系列

（e）中国南方NTS系列

图1.20 常见全站仪

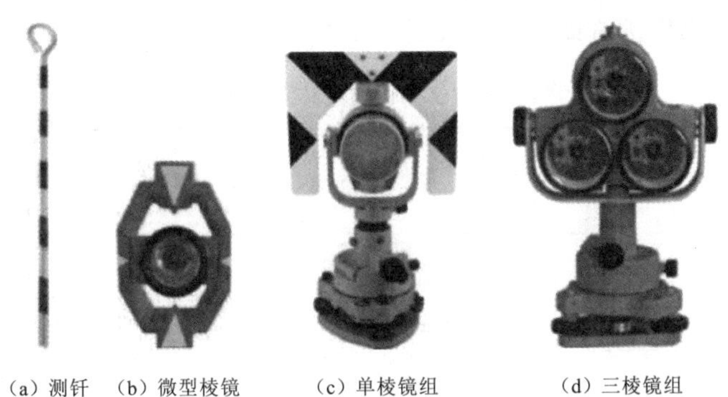

（a）测钎　（b）微型棱镜　（c）单棱镜组　（d）三棱镜组

图 1.21　照准设备

2.2　任务计划实施

【步骤 1】 熟悉全站仪的基本构造和各部件的功能

仪器开箱后，仔细观察并记清仪器在箱中的位置，取出仪器并连接在三脚架上，旋紧中心连接螺旋，及时关好仪器箱。了解仪器各部件（包括反射棱镜）及键盘按键的名称、作用和使用方法。

全站仪的构造：全站仪由测角、测距、计算和存储系统等组成。图 1.22 所示为我国南方 NTS－332R 型全站仪。

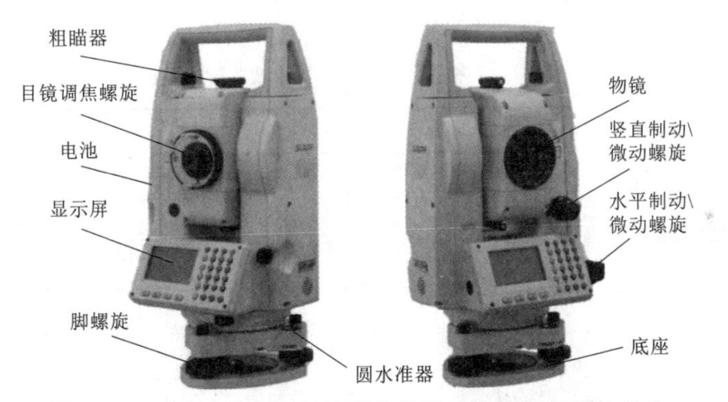

图 1.22　南方 NTS－332R 型全站仪的构造及各部件名称

南方 NTS－332R 型全站仪功能介绍及操作说明

（1）主界面。主界面左侧为显示屏，右侧为功能键（图 1.23）。

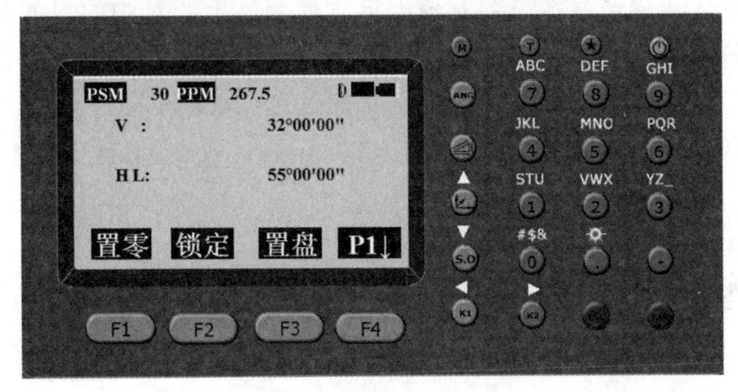

图 1.23　南方 NTS－332R 型全站仪的主界面

（2）操作键。操作键名称及功能（表1.22）。

表1.22　全站仪操作键名称及功能

符号	名　称	功　能
ANG	角度测量键	进入角度测量模式
	距离测量键	进入距离测量模式
	坐标测量键	进入坐标测量模式
M	菜单键	进入菜单模式
T	测量标志切换键	进入测量标志切换模式
★	星键	进入星键模式
	电源开关键	电源开关
ESC	退出键	返回上一级状态或返回测量模式
	回车键	确认
F1 - F4	功能键	对应于显示的软键信息

（3）显示符号。全站仪显示符号含义（表1.23）。

表1.23　全站仪显示符号含义

符号	含　义	符号	含　义
V	垂直角	N	北向坐标
HR	水平角（右角）	E	东向坐标
HL	水平角（左角）	Z	高程
HD	水平距离	PSM	棱镜常数
VD	高差	PPM	大气改正数
SD	倾斜距离		

【步骤2】 全站仪的对中、整平

（1）对中。

对中：是指将全站仪安置在设置有地面标志的测站上。对中的目的是通过对中使仪器水平度盘中心与测站点位于同一铅垂线上。常用的对中方法有光学对中、激光对中及垂球对中，无论哪种方式，操作步骤基本一致，具体如图1.24所示。

技术要求：一般规定垂球对中误差应小于3mm；光学对中、激光对中的误差应小于1mm。

（2）整平。

整平：目的是使竖轴居于铅垂位置，水平度盘处于水平位置。整平时要先调节三角架的高度使圆水准气泡居中，以粗略整平，再通过调节脚螺旋使管水准器精确整平，具体步骤如图1.25所示。

（a）调整三脚架的高度适中

（b）目估对中并使三脚架架头大致水平

（c）将全站仪固定在三脚架上

（d）调节对中器目镜及物镜焦距，移动两条架腿，使测站点成像于对中器标志的中心

图 1.24　全站仪对中

（a）调节身边一架腿的高度使圆水准气泡与另一架腿在一条直线

（b）调节身边另一架腿的高度使圆水准气泡居中

（c）旋转照准部，使水准管平行于任一对脚螺旋，转动这两个脚螺旋使水准管气泡居中

（d）将照准部旋转90°，转动第三个脚螺旋使水准管气泡居中

图 1.25　全站仪整平

如果水准管轴与竖轴满足垂直关系，如此反复数次即可到达精确整平的目的。即水准管转到任何位置，水准管气泡都居中，或偏移不超过1格。

精确整平后需再次观察对中器中心与测站点是否重合，一般会有微小的偏差，这时稍微松开中心连接螺旋，在架头上平移（不能转动）全站仪使对中器中心与测站点标志重合。由于平移仪器对整平会有影响，所以需要重新进行精确整平，如此反复多次，直至对中、整平都满足要求。如果对中器中心与测站点偏差较大，需重新进行对中、整平操作。

【步骤3】 照准、读数

（1）照准。

照准：用望远镜十字丝交点精确对准测量目标。照准时将望远镜对向明亮背景，转动目镜调焦螺旋，使十字丝清晰。松开照准部与望远镜的制动螺旋，转动照准部，利用望远镜上的粗瞄准器对准目标，然后旋紧制动螺旋。旋转物镜对光螺旋，进行物镜对光，使目标成像清晰，并清除视差。最后转动望远镜微动螺旋，使十字丝精确照准目标（图1.26）。

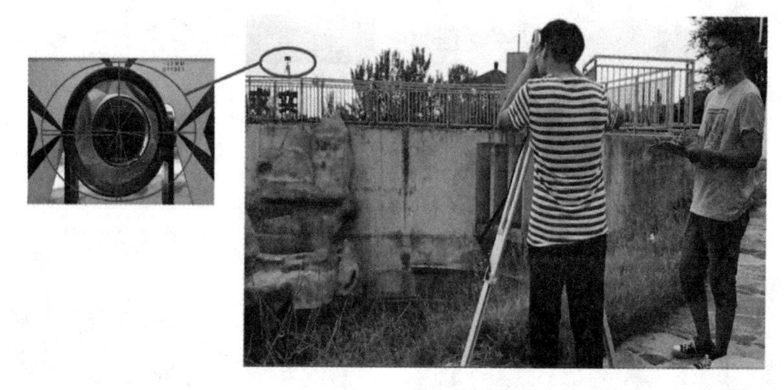

图1.26　照准

视差：观测者的眼睛靠近目镜端上下微微移动就会发现目标与十字丝之间产生相对位移的现象。视差的存在将影响观测结果的准确性，应予消除。

消除视差的方法：仔细反复进行目镜和物镜调焦，使目标和十字丝均处于清晰状态。

（2）读数。

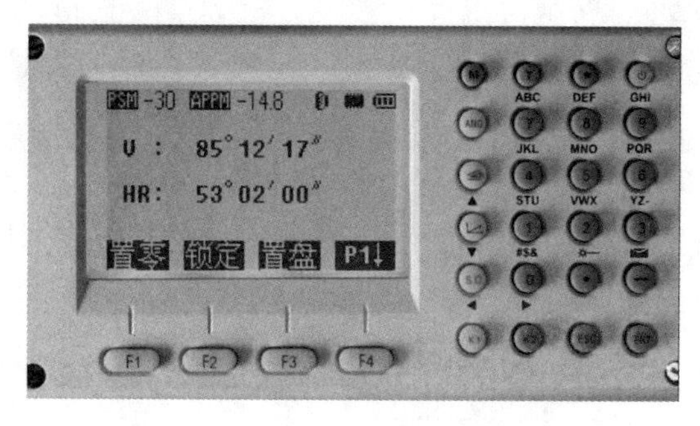

图1.27　GTS200N测角界面

读数：读出照准方向的度盘数字（图1.27）并记录。

注意事项：

（1）在阳光下使用全站仪测量时，一定要撑伞遮掩仪器，严禁用望远镜正对太阳。

（2）仪器操作时，旋转螺旋时手感均应匀滑流畅，当脚螺旋突然旋转不动时，说明已至极限范围，切勿再

用力旋拧。

（3）转动仪器时需确认制动螺旋是否打开，严禁制动时旋转仪器。

（4）当电池电量不足时，应立即结束操作，更换电池。在装卸电池时，必须先关闭电源。

（5）迁站时，即使距离很近，也必须取下全站仪装箱搬运，并注意防震。

2.3　任务评价反馈

考核标准见表 1.24。

表 1.24　　**考核标准表**

<table>
<tr><td colspan="2">班级</td><td colspan="2"></td><td colspan="2">姓名</td><td></td></tr>
<tr><td colspan="2">所在小组</td><td colspan="2"></td><td colspan="2">学号</td><td></td></tr>
<tr><td colspan="2">小组成员</td><td colspan="5"></td></tr>
<tr><td colspan="2">任务名称</td><td colspan="5"></td></tr>
<tr><td rowspan="2">评价项目</td><td rowspan="2">评价内容</td><td colspan="4">评价方式</td><td rowspan="2">备注</td></tr>
<tr><td>学生自评</td><td>小组评价</td><td>教师评价</td><td>技能考核</td></tr>
<tr><td rowspan="5">职业素养</td><td>1. 出勤情况</td><td></td><td></td><td></td><td rowspan="15"></td><td rowspan="15">考核等级：
优、良、中、及格、差
评价权重：
学生自评 0.2；
小组评价 0.3；
技能考核 0.3；
教师评价 0.2</td></tr>
<tr><td>2. 工作态度</td><td></td><td></td><td></td></tr>
<tr><td>3. 爱护仪器工具</td><td></td><td></td><td></td></tr>
<tr><td>4. 遵守制度</td><td></td><td></td><td></td></tr>
<tr><td>5. 吃苦耐劳</td><td></td><td></td><td></td></tr>
<tr><td rowspan="6">专业能力</td><td>6. 资料的收集与利用情况</td><td></td><td></td><td></td></tr>
<tr><td>7. 作业方案的合理性</td><td></td><td></td><td></td></tr>
<tr><td>8. 操作的正确性</td><td></td><td></td><td></td></tr>
<tr><td>9. 团队成果质量</td><td></td><td></td><td></td></tr>
<tr><td>10. 履行职责情况</td><td></td><td></td><td></td></tr>
<tr><td>11. 提交资料及时、齐全</td><td></td><td></td><td></td></tr>
<tr><td rowspan="4">协同创新能力</td><td>12. 沟通与交流</td><td></td><td></td><td></td></tr>
<tr><td>13. 对作业依据的把握</td><td></td><td></td><td></td></tr>
<tr><td>14. 作业计划的合理性</td><td></td><td></td><td></td></tr>
<tr><td>15. 作业效率</td><td></td><td></td><td></td></tr>
<tr><td colspan="2">综合评价</td><td></td><td></td><td></td><td></td><td></td></tr>
</table>

子任务2　角度、距离测量

1. 任务说明（表1.25）

表1.25　任务说明

（1）任务要求	测回法测水平角（每人两个测回）、同时进行垂直角测量、距离测量（图1.28）
（2）技术要求	①对中误差不超过2mm；整平误差不超过1格。 ②水平角半测回角值之差不超过±40″，各测回角值之差不超过±24″。 ③竖盘指标差互差不超过±15″。 ④距离测量一测回读数间较差不大于±5mm
（3）工作步骤	①在B点安置全站仪，对中、整平。 ②设置棱镜常数。 ③配置度盘。 ④观测盘左测回。 ⑤观测盘右测回。 ⑥计算上、下半测回差值。 ⑦继续第二测回观测。 ⑧计算各测回平均值
（4）仪器与工具	每组全站仪1台、三脚架3个、小钢尺1把、棱镜组2个
（5）需提交成果	水平角、竖直角、水平距离观测记录手簿各1份

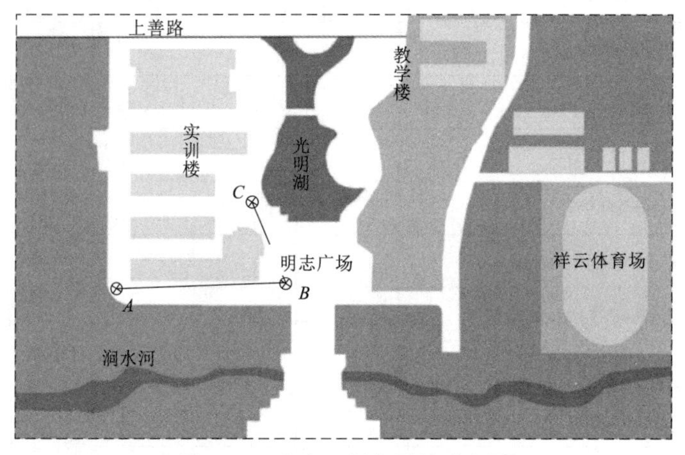

图1.28　角度、距离测量示意图

2. 任务学习与实施

2.1　任务引导学习（表1.26）

表1.26　任务引导学习

概念	定　义
水平角	空间两条相交直线在水平面上投影所形成的水平夹角（图1.29）。表示方法：一般用β表示，取值范围：0°～360°
水平角测量	通过在角顶O点架设一台装有水平度盘的仪器（图1.29），通过望远镜瞄准地面上目标A，在水平度盘上读出读数a，再瞄准地面上目标B，读出水平度盘的读数b。 水平角β=右目标读数b－左目标读数a

续表

概念	定　义
竖直角	在同一竖直面内，某目标方向的视线与水平线所夹的锐角，也称垂直角（图1.30）。倾斜视线在水平线上，竖直角为正，称为仰角；倾斜视线在水平线下，竖直角为负，称为俯角。 表示方法：一般用 α 表示，取值范围：0°～±90°
天顶距	视线与测站点天顶方向之间的夹角（图1.30）。常用 Z 表示，数值范围为0°～180°
竖直角测量	为了测量竖直角（天顶距），在照准设备（望远镜）旁安置一个带有刻度的竖直度盘，简称竖盘。当望远镜照准目标时，竖盘随着转动，则望远镜照准目标的方向线读数与水平线的固定读数之差为竖直角
竖直角和天顶距的关系	$\alpha = 90° - Z$
竖盘指标差 x	如果指标不位于过竖盘刻划中心的铅垂线上，视线水平时的读数不是90°或270°，而相差 x，这样用一个盘位测得的竖直角值，即含有误差 x，这个误差称为竖盘指标差，$x = \dfrac{R + L - 360°}{2}$
棱镜常数	棱镜常数分为两种，通常我们所用的国产棱镜为−30mm，而进口棱镜为0mm，一般棱镜上都有标注。实际应用时也可以看棱镜的背面，如果棱镜的锚固螺栓与塑料壳平，棱镜常数为−30mm，如不是则为0mm

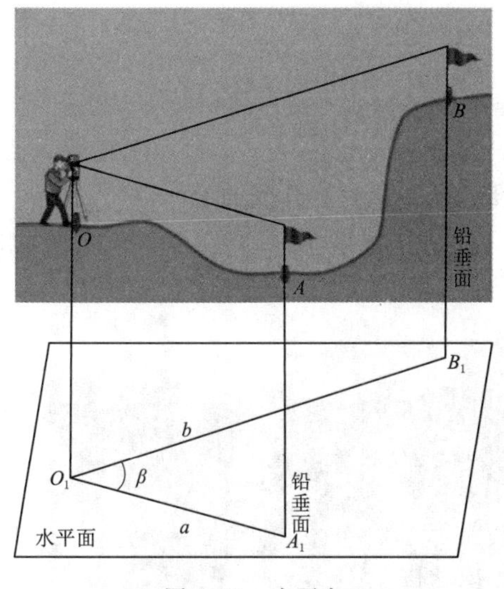

图1.29　水平角

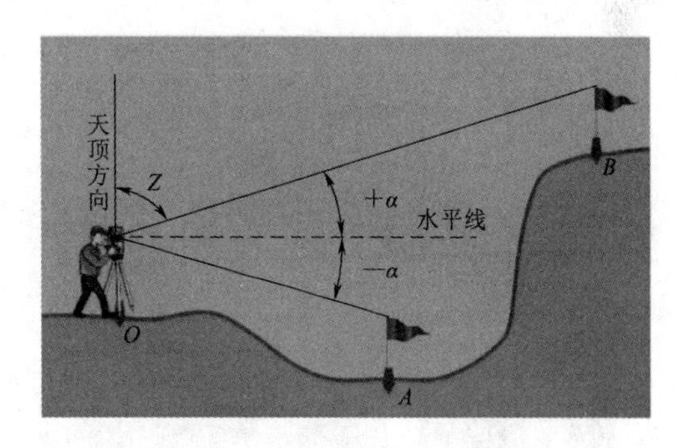

图1.30　竖直角与天顶距

2.2 任务计划实施

【步骤1】 在 B 点安置全站仪，对中、整平

对中、整平方法和要求见子任务1全站仪的认识和使用。

【步骤2】 设置棱镜常数

按全站仪上的※键，弹出棱镜常数设置界面（图1.31），点击棱镜，即可根据棱镜的实际情况进行设置。

【步骤3】 配置度盘

点击ANG键，显示配置度盘界面（图1.32），可以通过置零和置盘进行度盘配置。

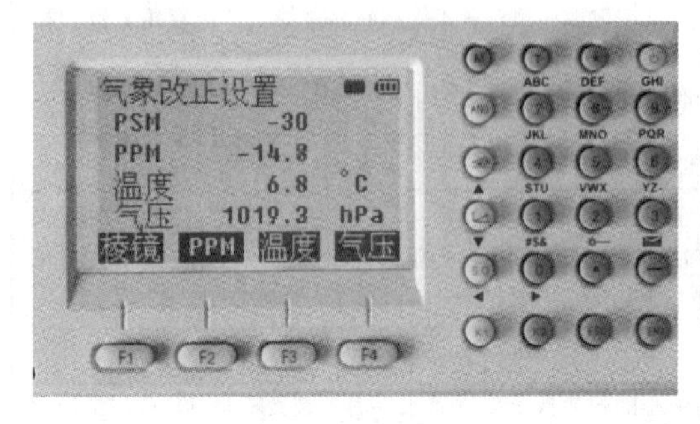

图1.31 棱镜设置

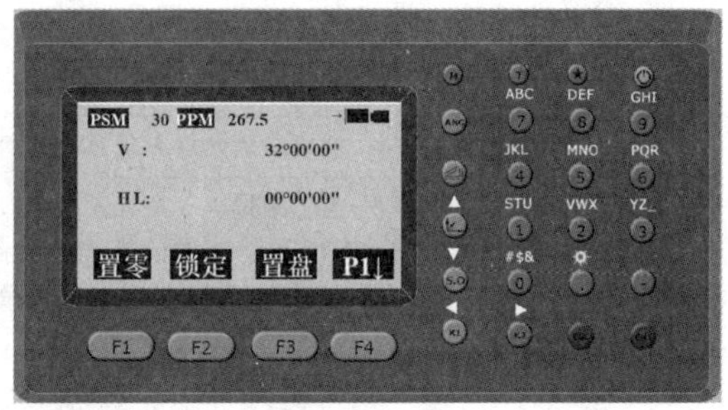

图1.32 配置度盘

设共观测水平角 n 个测回，则第 i 测回的度盘位置为 $180°(i-1)/n$。

【步骤4】 盘左观测

将仪器置于盘左位置（图1.33），瞄准左方目标 A，读取水平度盘读数，记入水平角手簿，同时读取竖直角、水平距离分别记入手簿。顺时针旋转照准部，瞄准右方目标 C，读取水平度盘读数，竖直角、水平距离分别记入手簿（表1.27～表1.29），并计算上半测回值。

【步骤5】 盘右观测

将仪器倒镜变换为盘右位置（图1.34），瞄准左方目标 C，读取水平度盘读数、竖直角、水平距离分别记入手簿。顺时针旋转照准部，瞄准右方目标 A，读取水平度盘读数，竖直角、水平距离分别记入手簿（表1.27～表1.29），并计算下半测回值。

图1.33 盘左观测

图1.34 盘右观测

【步骤6】 计算上、下半测回差值

如果上、下半测回互差符合要求，则计算一测回值；如超限，需重新测量。

【步骤7】 继续第二测回观测

第二测回观测方法同第一测回，但需变换起始方向的度盘位置。每一测站观测完毕后，应立即检查上、下半测回互查是否超限，并计算一测回平均值。

表 1.27　　水平角观测记录手簿（测回法）

班级________　组号________　观测者________　记录者________

仪器型号________　日期________　测量时间________

测站	竖盘位置	目标	水平度盘读数/(°　′　″)	半测回角值/(°　′　″)	一测回平均值/(°　′　″)	各测回平均值/(°　′　″)
1	左	A	0　00　06	66　45　12	66　45　09	66　45　06
		C	66　45　18			
	右	C	246　45　30	66　45　06		
		A	180　00　24			
2	左	A	90　00　36	66　45　06	66　45　03	
		C	156　45　42			
	右	C	336　45　48	66　45　00		
		A	270　00　48			

表 1.28　　竖直角观测记录手簿

班级________　组号________　观测者________　记录者________

仪器型号________　日期________　测量时间________

测站	目标	竖盘位置	竖盘读数/(°　′　″)	半测回角值/(°　′　″)	指标差/(″)	一测回竖直角/(°　′　″)	各测回竖直角/(°　′　″)
B	*A*	左	82　37　12	+7　22　48	+3	+7　22　51	+7　22　51
		右	277　22　54	+7　22　54			
	C	左	99　42　12	−9　42　12	+6	−9　42　06	−9　42　03
		右	260　18　00	−9　42　00			
B	*A*	左	82　37　18	+7　22　42	+9	+7　22　51	
		右	277　33　00	+7　23　00			
	C	左	99　42　06	−9　42　06	+6	−9　42　00	
		右	260　18　06	−9　41　54			

表 1.29　　水平距离观测记录手簿

班级________　组号________　观测者________　记录者________

仪器型号________　日期________　测量时间________

边长名	距离/m	一测回平均值/m	各测回平均值/m
BA	102.415	102.415	102.415
	102.416		
	102.415	102.415	
	102.415		
BC	45.586	45.586	45.586
	45.586		
	45.587	45.586	
	45.586		

【步骤 8】 计算各测回平均值

检查各半测回互查是否超限，并计算各测回平均值。

注意事项：

（1）仪器安置稳妥后，观测过程中不可触动三脚架。

（2）观测过程中，照准部水准管气泡偏移不得超过 1 格。测回间允许重新整平，测回中不得重新整平。

（3）各测回盘左照准左方目标时，应按规定配置度盘读数；盘右不重新配置度盘。

（4）盘左顺时针方向转动照准部，盘右逆时针方向转动照准部。半测回内，不得反向转动照准部。

（5）观测者和记录者应坚持回报制度。

（6）水平度盘顺时针方向刻划。故计算角值时，应用右方目标的读数减左方目标的读数。不够减出现负角值时，应加上 360°。

（7）距离测量时需要进行棱镜常数设置。

2.3 任务评价反馈

考核标准见表 1.30。

表 1.30　　**考 核 标 准 表**

班级				姓名		
所在小组				学号		
小组成员						
任务名称						
评价项目	评价内容	评价方式				备注
		学生自评	小组评价	教师评价	技能考核	
职业素养	1. 出勤情况					考核等级： 优、良、中、 及格、差 评价权重： 学生自评 0.2； 小组评价 0.3； 技能考核 0.3； 教师评价 0.2
	2. 工作态度					
	3. 爱护仪器工具					
	4. 遵守制度					
	5. 吃苦耐劳					
专业能力	6. 资料的收集与利用情况					
	7. 作业方案的合理性					
	8. 操作的正确性					
	9. 团队成果质量					
	10. 履行职责情况					
	11. 提交资料及时、齐全					
协同创新能力	12. 沟通与交流					
	13. 对作业依据的把握					
	14. 作业计划的合理性					
	15. 作业效率					
综合评价						

3. 任务拓展信息

测回法适用于观测两个方向之间的夹角。当一个测站上需观测的方向多于两个时，应采用方向观测法。这种观测法因仪器转动一周，两次照准零方向，故又称为全圆方向法。

方向观测法：是指从起始方向顺次观测各个方向后，最后要回测起始方向。盘左顺时针观测为上半测回，盘右逆时针观测为下半测回，最后一步称为归零。相邻方向的方向值之差，就是它的水平角值。

如图 1.35 所示，设 O 点为测站点，要观测 OA、OB、OC、OD 四个方向间的水平角。

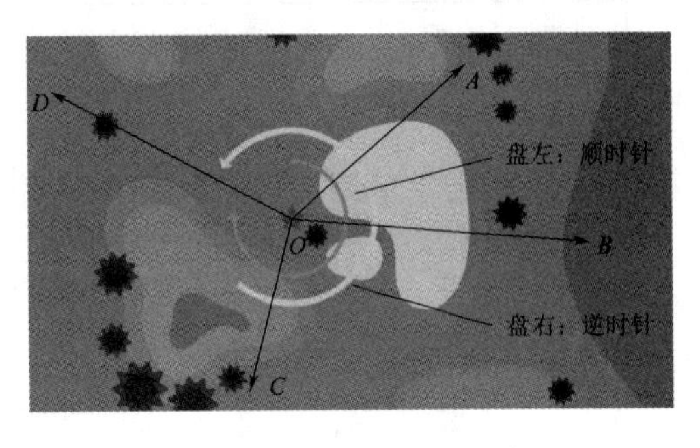

图 1.35　方向法测水平角

观测方法、步骤：

（1）在测站点 O 上安置测角仪器（全站仪），对中、整平。在 A、B、C、D 设置观测标志。

（2）观测方法按照准目标可归纳为 A（盘左）—B（盘左）—C（盘左）—D（盘左）—A（盘左）—A（盘右）—D（盘右）—C（盘右）—B（盘右）—A（盘右）。

盘左观测：仪器处于盘左位置，旋转照准部瞄准目标 A，配置度盘为 $0°$，读取水平度盘，记入手簿（表 1.31）。松开水平制动螺旋，顺时针转动照准部依次照准目标 B、C、D 各个方向，并分别读取水平度盘读数，记入手簿（表 1.31）。最后还要回到起始方向 A 进行归零，读数并记录。

盘右观测：仪器处于盘右位置，旋转照准部瞄准目标 A，读取水平度盘，记入手簿（表 1.31）。松开水平制动螺旋，逆时针转动照准部依次照准目标 D、C、B、A，读数并记入手簿（表 1.31）。

当测量精度要求较高时，须观测多个测回，为消除度盘刻划不均匀的误差，每个测回应按 $180°/n$（n 为测回数）的值变换度盘起始位置。

记录与计算方法：

方向法的记录与计算示例见表 1.31，表中序号为观测记录和计算记录的顺序，其中 (1)～(5)，(7)～(11) 为记录数据，其余为计算所得。

测站上的计算如下：

（1）半测回归零差。半测回归零差：是指盘左或盘右的零方向两次读数之差。如表 1.31 中的第一测回零方向（A）的盘左或盘右的半测回归零差为

上半测回归零差　　$(6)=(5)-(1)$

下半测回归零差　　$(12)=(7)-(11)$

（2）两倍照准误差 $2C$ 值。

两倍照准误差是指同一台仪器观测同一方向盘左、盘右读数之差，简称 $2C$ 值。

$$2C=L-(R\pm180°)$$

表 1.31　　水平角（方向法）观测手簿

班级＿＿＿＿＿＿　组号＿＿＿＿＿　观测者＿＿＿＿＿　记录者＿＿＿＿＿

仪器型号＿＿＿＿＿　日期＿＿＿＿＿　测量时间＿＿＿＿＿

测站	测回数	目标	读数		2C/(″)	平均读数/(° ′ ″)	归零方向值/(° ′ ″)	各测回归零方向平均值/(° ′ ″)
			盘左 L/(° ′ ″)	盘右 R/(° ′ ″)				
测站						(23)		
			(1)	(11)	(13)	(18)	(24)	(28)
			(2)	(10)	(14)	(19)	(25)	(29)
			(3)	(9)	(15)	(20)	(26)	(30)
			(4)	(8)	(16)	(21)	(27)	(31)
			(5)	(7)	(17)	(22)		
	归零差		(6)	(12)				
O	1					(0 02 09)		
		A	0 02 12	180 02 00	+12	0 02 06	0 00 00	0 00 00
		B	37 44 18	217 44 12	+6	37 44 15	37 42 06	37 42 15
		C	110 29 06	290 28 54	+12	110 29 00	110 26 51	110 26 58
		D	150 14 54	330 14 36	+18	150 14 45	150 12 36	150 12 38
		A	0 02 18	180 02 06	+12	0 02 12		
	归零差		0 0 +6	0 0 +6				
O	2					(90 03 12)		
		A	90 03 12	270 03 06	+6	90 03 09	0 00 00	
		B	127 45 36	307 45 36	+0	127 45 36	37 42 24	
		C	200 30 24	20 30 12	+12	200 30 18	110 27 06	
		D	240 15 54	60 15 48	+6	240 15 51	150 12 39	
		A	90 03 24	270 03 06	+18	90 03 15		
	归零差		0 0+12	0 0−6				

（3）平均读数。平均读数是指一测回内各方向平均读数。

同一方向的平均读数=[L+(R±180°)]/2。如：(18)=[(1)+(11±180°)]/2。

起始方向有两个平均读数，应再取平均值，将计算的结果填入同一栏的括号内，如第一测回（0°02′09″）。

（4）归零方向值。归零方向指：将各个方向的平均读数减去起始方向的平均读数，即为各个方向的归零方向值，如表 1.31 中 37°42′06″=37°44′15″−0°02′09″。显然，起始方向归零后的值为 0°0′0″。

（5）各测回归零方向平均值。各测回归零方向平均值：是指每一测回各个方向都有一个归零方向值，当各测回同一方向的归零方向值不超限，则取其平均值作为该方向的最后结果。如表 1.31 中 150°12′38″=1/2×(150°12′36″+150°12′39″)。注意此处结果本来为

150°12′38.5″，采用“四舍六入、奇进偶不进”的舍位原则后结果为150°12′38″。

（6）水平角值的计算。水平角值的计算：将右目标方向值减去左目标方向值即为这两个目标方向间的水平角。如$\angle AOB=37°42'15''-0°00'00''=37°42'15''$。

技术要求及注意事项：

方向观测法测水平角技术要求见表1.32。

表1.32　水平角方向观测法的技术要求

等级	仪器精度	半测回归零差/(″)	一测回内2C互差/(″)	同一方向值各测回较差/(″)
四等及以上	1″	6	9	6
	2″	8	13	9
一级及以下	2″	12	18	12
	6″	18		24

注　表中技术要求参见《工程测量标准》(GB 50026—2020)。

在观测中应随时注意检查各项限差。上半测回测完后，立即计算半测回归零差，若超限须重测，下半测回测完后，也应立即计算归零差，若超限须重测整个测回；所有测回测完后，计算测回差，若超限需具体进行分析，一般情况下，某一测回的几个方向值与其他测回中该方向的方向值偏离较大，须重测该测回中这几个方向，但如果超限的方向数大于所有方向总和的1/3，则必须重测整个测回。

任务3　坐　标　测　量

子任务1　全站仪坐标测量

1. 任务说明（表1.33）

表1.33　任　务　说　明

(1) 任务要求	根据已知控制点（图1.36），利用全站仪每人测20个碎部点的坐标
(2) 技术要求	对中误差不超过2mm；整平误差不超过1格； 定向误差平面应不超过3cm，高程不超过5cm
(3) 工作步骤	①仪器架设在已知控制点上，对中、整平。 ②参数设置。 ③测站设置。 ④后视设置。 ⑤后视检。 ⑥测量待求点的坐标
(4) 仪器与工具	每组全站仪1台、三脚架1个、小钢尺1把、对中杆1套、棱镜1套
(5) 需提交成果	全站仪坐标测量记录手簿1份

控制点坐标如下：

KZ01：$x=53438.218$m，$y=47061.985$m，$H=75.64$m；

KZ02：$x=52638.218$m，$y=47061.985$m，$H=75.95$m；

KZ03：$x=52636.325$m，$y=47562.228$m，$H=76.28$m。

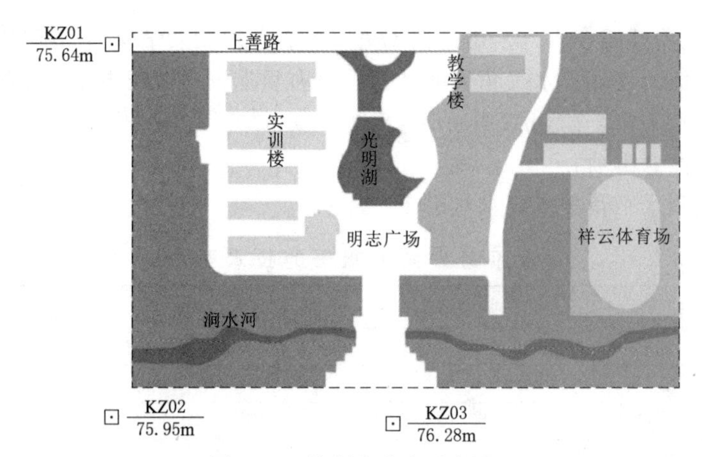

图 1.36　控制点分布示意图

2. 任务学习与实施

2.1　任务引导学习（表 1.34）

表 1.34　　**任务引导学习**

概念	定　　义
全站仪坐标测量	用极坐标法直接测定待定点坐标的，其实质就是在已知测站点，同时采集角度和距离，经微处理器实时进行数据处理，由显示器输出测量结果（图 1.37）。实际测量时，需要输入仪器高和棱镜高，以及测站点的坐标，并进行后视定向后，全站仪可直接测定未知点的坐标
仪器高	仪器横轴（仪器中心）至测站点的铅垂距离（图 1.37），实际测量时，从测站点量至仪器竖直度盘侧面的十字中心
棱镜高	棱镜中心至地面的铅垂距离（图 1.37）
棱镜常数	参见距离测量棱镜常数设置

2.2　任务计划实施

【步骤 1】　在任一控制点安置全站仪，对中、整平

对中、整平方法和要求见子任务 1 全站仪的认识和使用。

【步骤 2】　参数设置

开机后对全站仪进行参数设置，如温度、气压、棱镜常数（PSM）等（图 1.38）。PPM、温度、气压一般不用设置，棱镜常数根据棱镜实际常数进行设定。

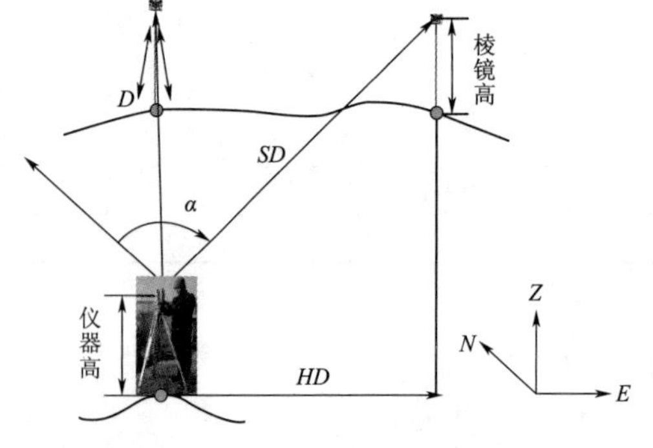

图 1.37　全站仪坐标测量原理

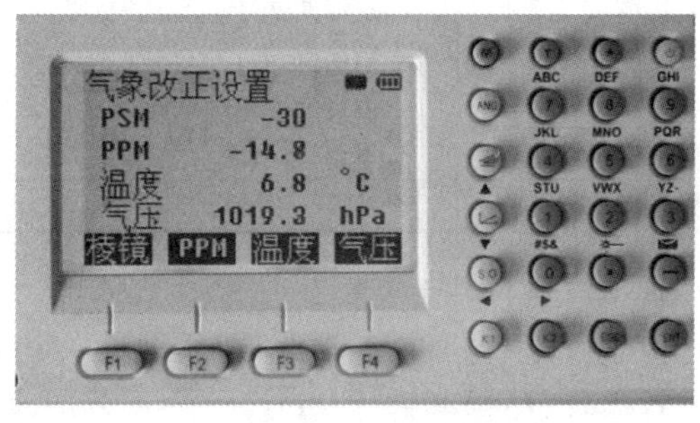

图 1.38　全站仪参数设置

【步骤 3】　测站设置

按全站仪的菜单提示，由键盘输入测站信息，如测站点号、测站仪器高和测站点的坐标等（图 1.39）。测站点的坐标可以直接输入，也可以从文件中调用。

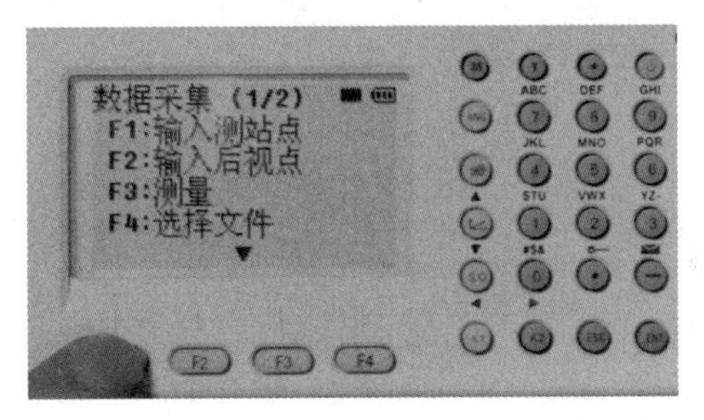

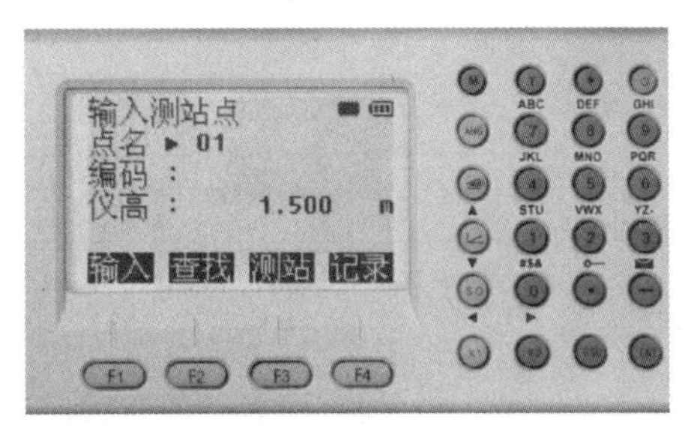

图 1.39　测站设置

【步骤 4】　后视点设置

按全站仪的菜单提示，由键盘输入后视点点号和后视点坐标或直接输入后视方位角（图 1.40），全站仪可以根据坐标反算出后视方向的坐标方位角，并以此角值设定全站仪水平度盘起始读数；后视点的坐标可以直接输入，也可以从文件中调用。需要注意的是，应选择较远的图根点作为定向点。

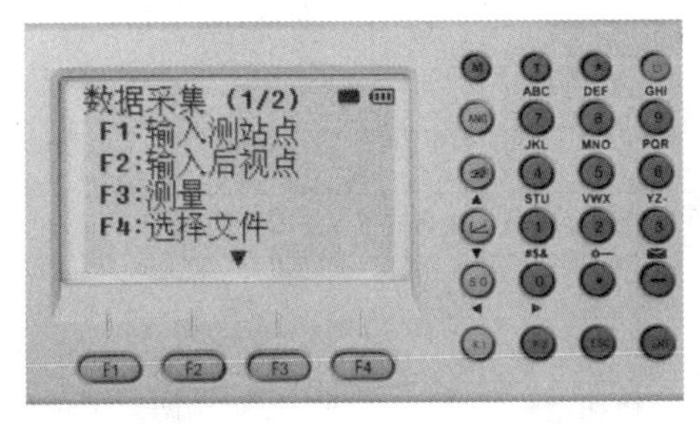

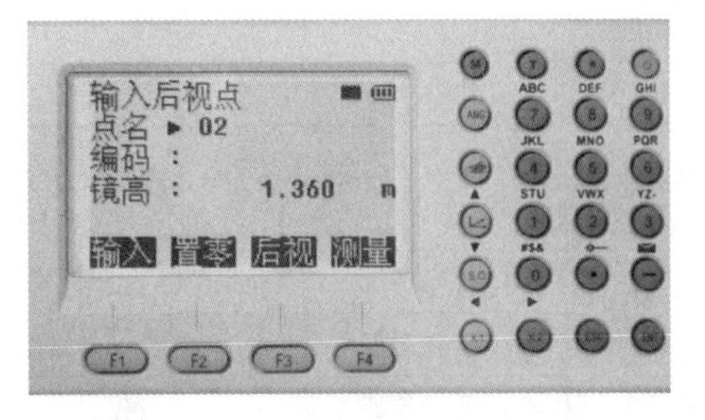

图 1.40　后视点设置

【步骤 5】　后视检核

用全站仪瞄准检核点（后视点或其他已知控制点）反光镜，测量检核点的三维坐标，并与该点已知信息进行比较。要求检核点的平面位置较差应不超过 3cm，高程不超过 5cm。若检核不超过限差，可进行下一步测量待测点的坐标，如不通过则不能进行坐标测量，需查明原因，重新定向，直到满足限差要求。

【步骤 6】　测量待测点的坐标

用全站仪瞄准待测点上的反光棱镜，按照菜单提示输入碎部点的地形信息，如碎部点点号、棱镜高度等，按测量键，全站仪便自动测算出碎部点的三维坐标值，并将坐标自动存储在全站仪内存中（图 1.41），观测者需将测得数据填入坐标测量记录手簿（表 1.35）。

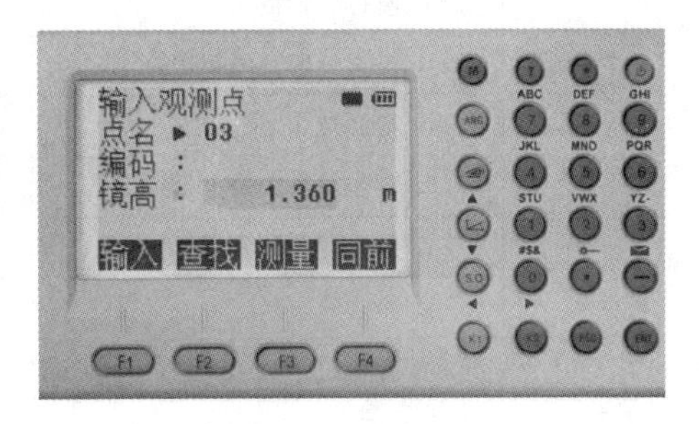

图 1.41　坐标测量

2.3　任务评价反馈

考核标准见表 1.36。

表 1.35 全站仪坐标测量记录手簿

班级________ 组号________ 观测者________ 记录者________

仪器型号________ 日期________ 测量时间________

<table>
<tr><th rowspan="2">测点</th><th colspan="3">坐标/m</th><th rowspan="2">棱镜高/m</th><th rowspan="6">备注
测站点
X：52638.218
Y：47061.985
Z：75.95
后视点
X：52636.325
Y：47562.228
Z：76.28
后视点检核
X：52636.319
Y：47562.216
Z：76.22</th></tr>
<tr><th>x</th><th>y</th><th>z</th></tr>
<tr><td>1</td><td>53056.963</td><td>47483.783</td><td>75.635</td><td>1.360</td></tr>
<tr><td>2</td><td>52931.678</td><td>47543.137</td><td>75.683</td><td>1.360</td></tr>
<tr><td>3</td><td>53002.364</td><td>47628.051</td><td>75.641</td><td>1.360</td></tr>
<tr><td>4</td><td>52905.963</td><td>47622.929</td><td>75.658</td><td>1.360</td></tr>
<tr><td>5</td><td>53168.719</td><td>47480.369</td><td>75.650</td><td>1.360</td></tr>
</table>

表 1.36 考核标准表

<table>
<tr><td colspan="2">班级</td><td colspan="2"></td><td colspan="2">姓名</td><td></td></tr>
<tr><td colspan="2">所在小组</td><td colspan="2"></td><td colspan="2">学号</td><td></td></tr>
<tr><td colspan="2">小组成员</td><td colspan="5"></td></tr>
<tr><td colspan="2">任务名称</td><td colspan="5"></td></tr>
<tr><th rowspan="2">评价项目</th><th rowspan="2">评价内容</th><th colspan="4">评价方式</th><th rowspan="2">备注</th></tr>
<tr><th>学生自评</th><th>小组评价</th><th>教师评价</th><th>技能考核</th></tr>
<tr><td rowspan="5">职业素养</td><td>1. 出勤情况</td><td></td><td></td><td></td><td rowspan="15"></td><td rowspan="15">考核等级：
优、良、中、
及格、差
评价权重：
学生自评 0.2；
小组评价 0.3；
技能考核 0.3；
教师评价 0.2</td></tr>
<tr><td>2. 工作态度</td><td></td><td></td><td></td></tr>
<tr><td>3. 爱护仪器工具</td><td></td><td></td><td></td></tr>
<tr><td>4. 遵守制度</td><td></td><td></td><td></td></tr>
<tr><td>5. 吃苦耐劳</td><td></td><td></td><td></td></tr>
<tr><td rowspan="6">专业能力</td><td>6. 资料的收集与利用情况</td><td></td><td></td><td></td></tr>
<tr><td>7. 作业方案的合理性</td><td></td><td></td><td></td></tr>
<tr><td>8. 操作的正确性</td><td></td><td></td><td></td></tr>
<tr><td>9. 团队成果质量</td><td></td><td></td><td></td></tr>
<tr><td>10. 履行职责情况</td><td></td><td></td><td></td></tr>
<tr><td>11. 提交资料及时、齐全</td><td></td><td></td><td></td></tr>
<tr><td rowspan="4">协同创新能力</td><td>12. 沟通与交流</td><td></td><td></td><td></td></tr>
<tr><td>13. 对作业依据的把握</td><td></td><td></td><td></td></tr>
<tr><td>14. 作业计划的合理性</td><td></td><td></td><td></td></tr>
<tr><td>15. 作业效率</td><td></td><td></td><td></td></tr>
<tr><td colspan="2">综合评价</td><td></td><td></td><td></td><td></td><td></td></tr>
</table>

子任务 2　GNSS-RTK 坐标测量

1. 任务说明（表 1.37）

表 1.37　　　　任　务　说　明

(1) 任务要求	根据已知控制点（图 1.36），利用传统 GNSS—RTK 每人测 20 个碎部点的坐标
(2) 技术要求	控制点检核误差平面应不超过 3cm，高程不超过 5cm
(3) 工作步骤	①基准站的架设和设置。 ②移动站设置。 ③新建项目。 ④参数计算。 ⑤坐标测量
(4) 仪器与工具	GNSS 接收机 2 台、三脚架 2 个、小钢尺 1 把、对中杆 1 套，手簿 1 个，电源 1 台
(5) 需提交成果	RTK 坐标测量记录手簿 1 份

2. 任务学习与实施

2.1　任务引导学习（表 1.38）

表 1.38　　　　任 务 引 导 学 习

概　念	定　义
GNSS - RTK（Real - time kinematic，实时动态差分）	RTK 载波相位差分技术，是指在基准站上安置 GNSS 接收机，对所有可见 GNSS 卫星进行连续观测，并将其观测数据，通过无线电（或 GPRS/CDMA）传输设备（也称数据链），实时地发送给用户观测站（移动站）；在用户观测站上，GNSS 接收机在接收 GNSS 卫星信号的同时，也接收基准站传输的观测数据，然后根据相对定位原理，实时地解算并显示用户观测站的三维坐标及精度（图 1.42），其定位精度可达 5cm 以内
GNSS - RTK 类型	根据基准站建立的方式不同，RTK 测量技术又可分为传统 RTK 和网络 RTK（如 CORS 技术）。简单地说，传统 RTK 就是可移动的基站作业，基站位置一般由作业组根据任务确定，而 CORS 就是固定的永不断电的基站，其基站一般由政府部门在某选定固定地点建设

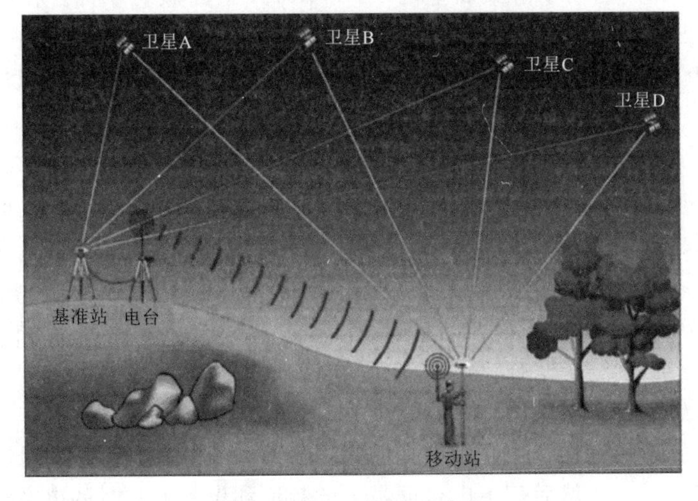

图 1.42　GNSS-RTK 定位

2.2 任务计划实施

本次任务采用传统 RTK 进行坐标测量。

【步骤 1】 基准站安置与设置

(1) 基准站安置。

架好脚架于已知点，对中整平（如架在未知点上，则大致整平即可）；接好电源线和发射天线电缆，注意电源的正负极正确（红正黑负）（图 1.43）。

图 1.43 基准站架设

打开主机和电台，主机自动初始化和搜索卫星，当卫星数和卫星质量达到要求后，主机和电台上的信号指示灯开始闪烁。

连接基准站主机。

打开 RTK 手簿，启动手簿桌面上的“Hi - RTK 道路版”软件。在软件主界面点击“GPS”进入 GPS 连接设置界面 [图 1.44 (a)]，然后点击“连接 GPS”。选择“蓝牙”连接，GPS 类型为“V30”[图 1.44 (b)]。点击“搜索”，搜出基准站主机的机身编号，选中连接 [图 1.44 (c)]。

(2) 基准站设置。

连接好后进入“接收机信息”，点击“基准站设置”。设置基准站点名为“Base”，输入仪器高，点击“平滑”，仪器会自动进行 10 次平滑采集当前 GPS 坐标 [图 1.45 (a)]。点击“数据链”，然后选择“外部数据链”[图 1.45 (b)]。点击“其他”差分模式选“RTK”，电文格式“CMR”，高度截止角“15”度，在(启用 Glonass) 前的小方框打√，确定后设置成功 [图 1.45 (c)]，界面上的“单点”会变成“已知点”。

基准站设置完毕后，注意观察电台上的第 2 个灯（TX 灯）也每秒闪烁一次，表明基准站部分开始正常工作。然后记下电台面板上的频道和设基准站时的电文格式。

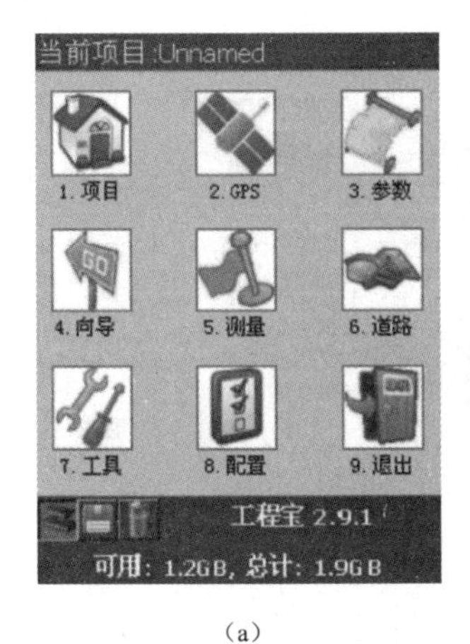

(a)

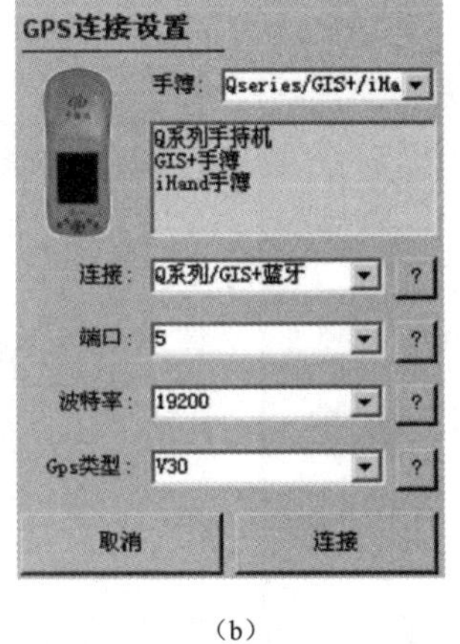

(b)

(c)

图 1.44　基准站主机连接

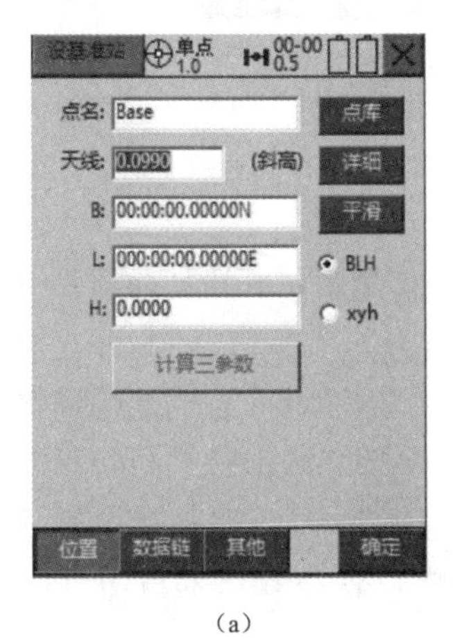

(a)

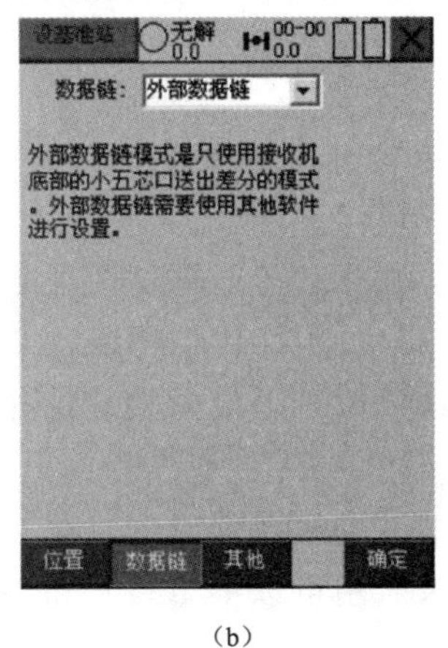

(b)

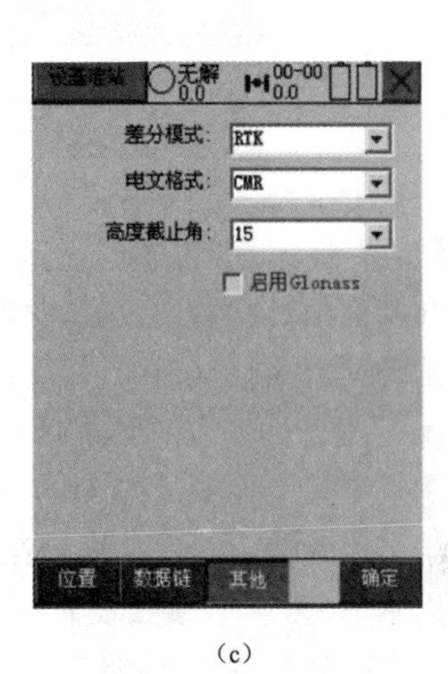

(c)

图 1.45　基准站设置

【步骤 2】 移动站的设置

将移动站主机安装在碳纤对中杆上，并将天线接在主机顶部，同时将手簿夹在对中杆合适位置。

(1) 移动站主机连接。

打开 GNSS-RTK 手簿，启动手簿桌面上的“Hi-RTK 道路版”软件。在软件主界面点击“GPS”进入 GPS 连接设置界面，然后点击“连接 GPS”。选择“蓝牙”连接，GPS 类型为“V30”。点击“搜索”，搜出移动站 GPS 主机的机身编号，选中连接（同基准站连接）。

(2) 移动站设置。

移动站主机连接成功后，点击“移动站设置”［图 1.46 (a)］，在弹出的对话框中“数据链”选择“内置电台”，然后设置频道［图 1.46 (b)］，把基站电台显示的频道输入。点击其他，差分电文格式“CMR”，高度截止角“15”度，点“确定”设置完成。界面上的“单点”逐渐由“浮动”变成“固定”。移动站设置完毕。

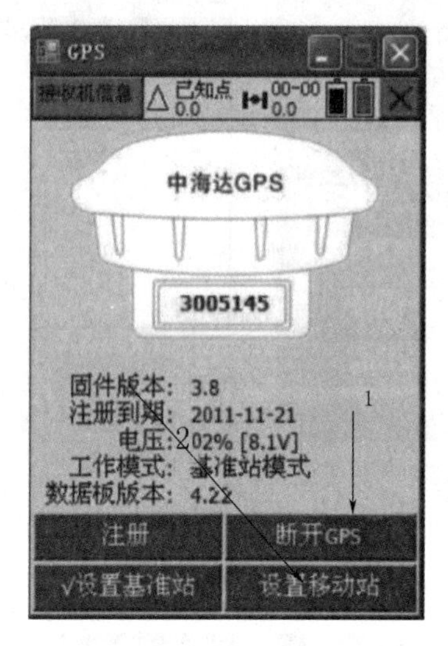

(a)

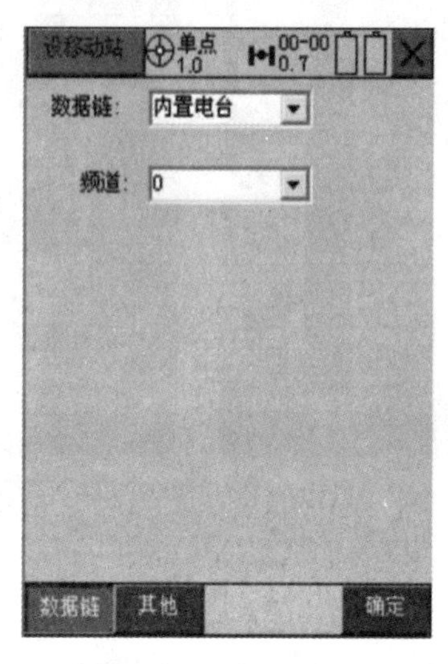

(b)

图 1.46　移动站站设置

【步骤 3】 新建项目

在基准站、移动站设置完毕，确保蓝牙连通和收到差分信号后，开始新建项目（主菜单中选择项目/新建项目）[图 1.47（a)]，新建项目后，点击“项目信息”，再选择“坐标系统”[图 1.47（b)]，在“椭球”界面里，源椭球设置为“WGS84”，当地椭球根据已知控制点坐标系设置 [图 1.47（c)]；在“投影”界面里，投影方法选择“高斯三度带”，中央子午线设为 108 度（根据当地中央子午线设置）[图 1.47（d)]。四参数设置（未启用可以不填写)、七参数设置（未启用可以不填写）和高程拟合参数（未启用可以不填写)，最后确定，项目新建完成。

【步骤 4】 参数计算

利用已知控制点坐标求解参数。在使用 RTK 时，由于没有启用任何参数，测的坐标是不准确的。因此，在数据采集前要求解参数，求解参数有多种，工程上常用的是四参数和高程拟合。求解四参数的必要条件是在测区至少要有两个以上的已知点。下文介绍四参数求解的具体步骤。

在软件主界面点击“参数计算”进入计算界面 [图 1.48（a)]，然后选计算类型，在下拉菜单中选择“四参数＋高程拟合”[图 1.48（b)]。

添加源点和已知点。“源点”中需输入用移动站采集到的坐标数据，数据从记录点库文件中调出 [图 1.48（c)]；“目标”中需手工输入已知坐标，点击“保存”后再点击“添加”选择对应的已知点坐标配对 [图 1.48（d)]。需要注意的是源点和目标点要一一对应。

第二个已知点坐标配对：操作方法同上 [图 1.48（e)]。

解算：点击右下角“解算”进行四参数解算，在四参数结果界面缩放要接近 1，一般

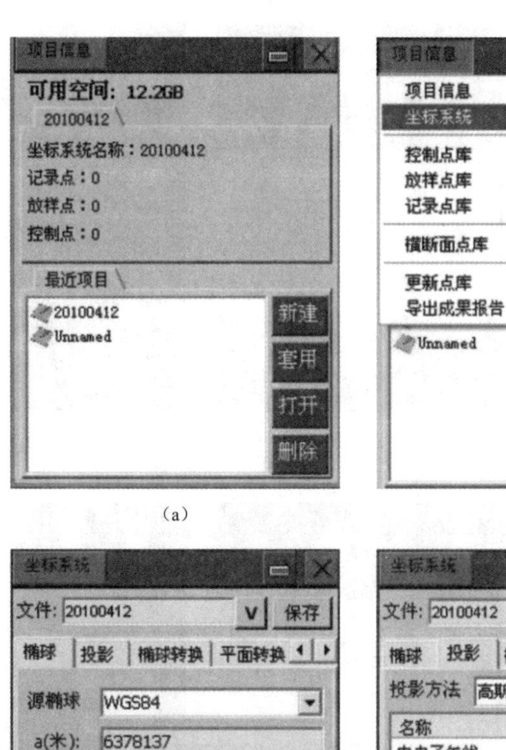

(a)　　　　(b)

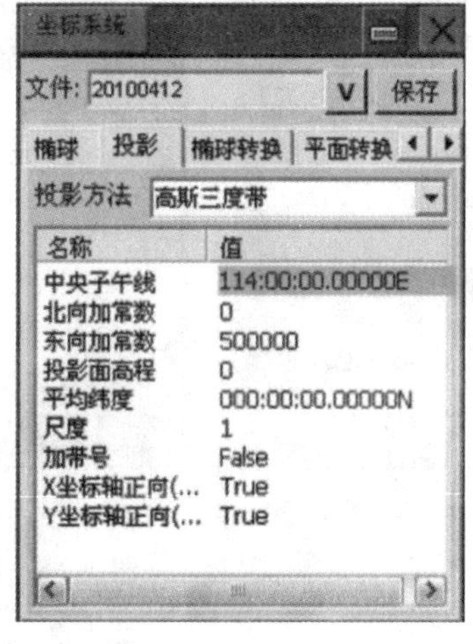

(c)　　　　(d)

图1.47　新建项目

为（0.9999×××或1.0000×××）点击“运用”[图1.48（f）]。在弹出的“坐标系统”界面里点开“平面转换”和“高程拟合”界面查看参数是否正确启用，检查无误后“保存”，坐标转换参数解算完毕。

【步骤5】 坐标测量

启动手簿桌面上的“Hi-RTK道路版”软件。在软件主界面点击“测量”进入“碎部测量”界面，将对中杆放在指定的待测点上，对中整平，点击手簿界面右下角小旗子图标按钮（或者按住手簿“Ent”键）采集坐标，输入点名、仪器高，点击“保存”（或再按一次手簿“Ent”键）完成第一个待测点的坐标采集，按照同样操作方法进入下一个待测点的坐标采集。

注意事项：

（1）采集过程中，基站不允许移动或关机又重新启动，若重新启动后必须重新改正。

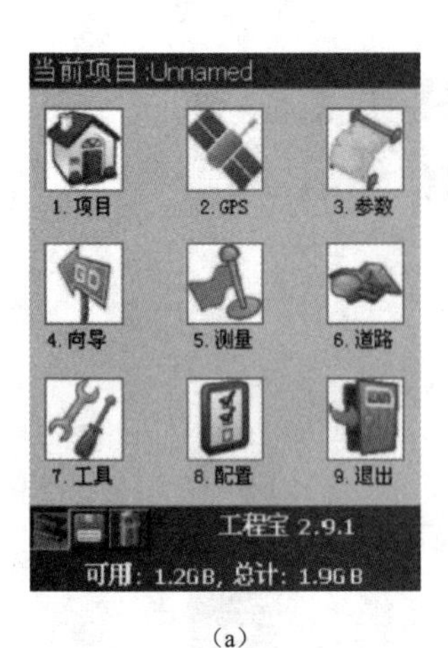

(a)

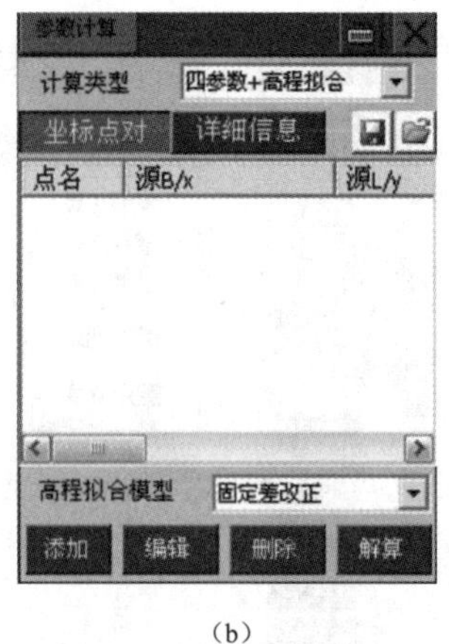

(b)

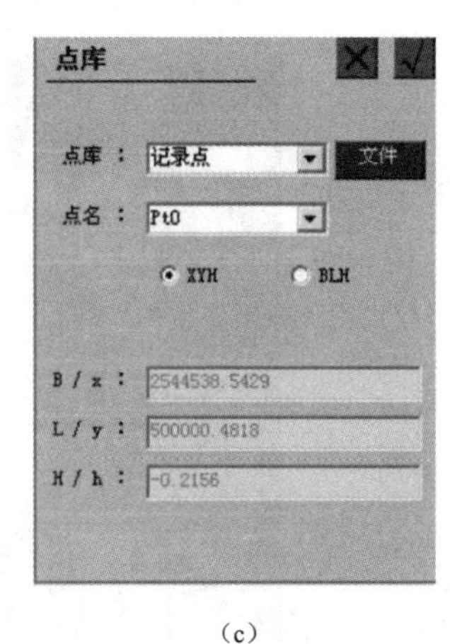

(c)

(d)

(e)

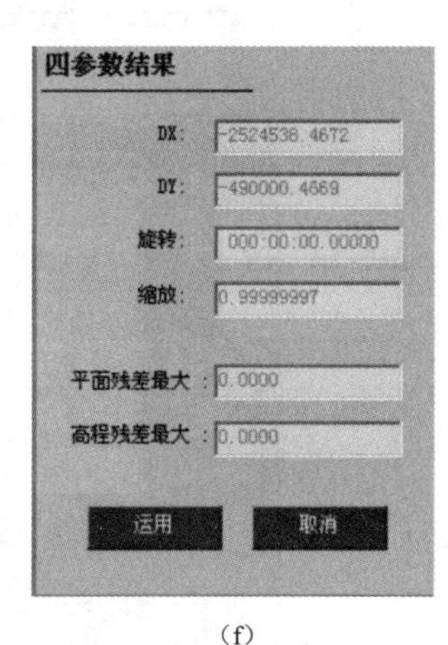

(f)

图 1.48　四参数计算

表 1.39　　　　**RTK 坐标测量记录手簿**

班级________　组号________　观测者________　记录者________

仪器型号________　日期________　测量时间________

<table>
<tr><th rowspan="2">测点</th><th colspan="3">坐标/m</th><th rowspan="2">天线高/m</th><th>备注</th></tr>
<tr><th>x</th><th>y</th><th>z</th><td rowspan="6">已知点
X：52636.325
Y：47562.228
Z：76.28
已知点检核
X：52636.320
Y：47562.203
Z：76.25</td></tr>
<tr><td>1</td><td>53056.963</td><td>47483.783</td><td>75.635</td><td>1.360</td></tr>
<tr><td>2</td><td>52931.678</td><td>47543.137</td><td>75.683</td><td>1.360</td></tr>
<tr><td>3</td><td>53002.364</td><td>47628.051</td><td>75.641</td><td>1.360</td></tr>
<tr><td>4</td><td>52905.963</td><td>47622.929</td><td>75.658</td><td>1.360</td></tr>
<tr><td>5</td><td>53168.719</td><td>47480.369</td><td>75.650</td><td>1.360</td></tr>
</table>

(2) 基站要远离微波塔、通信塔等大型电磁发射源 200m 外，要远离高压输电线路、通信线路 50m 外；一般应选在周围视野开阔的位置，避免在截止高度角 15°以内有大型建筑物；同时应选在地势较高的位置。

（3）接收机启动后，观测员应使用专用功能键盘和选择菜单，查看测站信息接收卫星数、卫星号、卫星健康状况、各卫星信噪比、相位测量残差实时定位的结果及收敛值、存储介质记录和电源情况。如发现异常情况，及时作出相应处理。

（4）为了保证 RTK 的高精度，最好对三个以上平面坐标已知点进行校正，而且点精度要均等，并要均匀分布于测区周围，要利用坐标转换中误差对转换参数的精度进行评定。如果利用两点校正，一定要注意尺度比是否接近于1。

（5）移动站在信号受影响的点位，为提高效率，可将仪器移到开阔处或升高天线，待数据链锁定达到固定后，再小心移回到待测点，一般可以初始化成功。

2.3 任务评价反馈

考核标准见表1.40。

表1.40　　考核标准表

班级			姓名			
所在小组			学号			
小组成员						
任务名称						
评价项目	评价内容	评价方式				备注
		学生自评	小组评价	教师评价	技能考核	
职业素养	1. 出勤情况					考核等级：优、良、中、及格、差 评价权重： 学生自评0.2； 小组评价0.3； 技能考核0.3； 教师评价0.2
	2. 工作态度					
	3. 爱护仪器工具					
	4. 遵守制度					
	5. 吃苦耐劳					
专业能力	6. 资料的收集与利用情况					
	7. 作业方案的合理性					
	8. 操作的正确性					
	9. 团队成果质量					
	10. 履行职责情况					
	11. 提交资料及时、齐全					
协同创新能力	12. 沟通与交流					
	13. 对作业依据的把握					
	14. 作业计划的合理性					
	15. 作业效率					
综合评价						

项目2　大比例尺地形图测绘

本项目是在项目1实训基础上进行的综合训练，通过本项目的实训，学生应该能够完成小区域控制测量和大比例尺地形图测绘的工作。根据实际工作需要本项目共设置三个任务，分别为平面控制测量（图根导线测量、卫星定位动态控制测量）、高程控制测量（四等水准、三角高程）、1∶1000地形图测绘（全站仪、北斗RTK与南方CASS内业成图）。

1. 项目概况

现对某区域开展地形图测量工作，测区已有控制点三个KZ01、KZ02、KZ03（图2.1），$\alpha_{23}=34°16'00''$。请利用全站仪和北斗GNSS接收机完成该区域控制测量和1∶1000地形图测绘。

控制点坐标如下：

KZ01：$x=53438.218$m，$y=47061.985$m，$H=75.64$m；

KZ02：$x=53108.218$m，$y=47177.985$m，$H=75.95$m；

KZ03：$x=53280.325$m，$y=47212.228$m，$H=76.28$m。

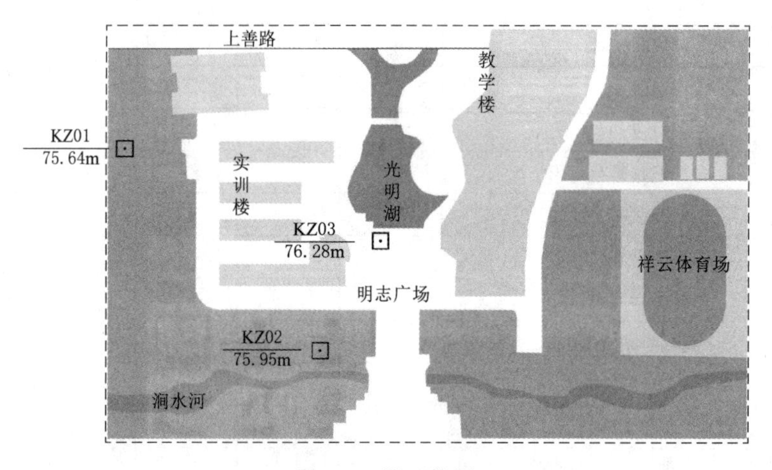

图2.1　测区简图

2. 实训内容

表2.1　　实训内容及目标

学习任务	子任务	任务简介	课程思政元素	育人目标
任务1　平面控制测量	子任务1　全站仪图根导线测量	掌握全站仪图根导线测量的方法、步骤及技术要点	合作意识、精益求精	1. 增强学生团队协作，强调养成良好习惯的重要性。 2. 培养工匠精神的工作习惯

续表

学习任务	子任务	任务简介	课程思政元素	育人目标
任务1　平面控制测量	子任务2　卫星定位动态控制测量	掌握北斗RTK控制测量的方法、步骤及技术要点	爱国情怀、北斗精神、创新意识	1. 增强学生家国情怀和使命担当。 2. 培养学生创新意识
任务2　高程控制测量	子任务1　四等水准测量	掌握四等水准测量的方法、步骤及技术要点	行业规范、团队协作、劳动精神	1. 增强学生守成创新的使命担当。 2. 培养学生吃苦耐劳的劳动精神
	子任务2　三角高程测量	掌握三角高程测量的方法、步骤及技术要点	合作意识、严肃认真	1. 增强学生团队协作，强调养成良好习惯的重要性。 2. 培养工匠精神的工作习惯
任务3　1∶1000地形图测绘	子任务1　全站仪数据采集	掌握全站仪野外数据采集的方法、步骤及技术要点	团队协作、劳动精神	1. 培养学生吃苦耐劳的劳动精神
	子任务2　GNSS-RTK数据采集	掌握GNSS-RTK野外数据采集的方法、步骤及技术要点	爱国情怀、北斗精神、创新意识	1. 增强学生家国情怀和使命担当。 2. 培养学生创新意识
	子任务3　南方CASS内业成图	掌握南方CASS内业成图的方法、步骤	知行合一，地形图与家国情怀、保密意识	1. 增强学生国家安全观、自我保密意识

任务1　平面控制测量

子任务1　全站仪图根导线测量

1. 任务说明（表2.2）

表2.2　任务说明

(1) 任务要求	完成测区域导线布设，踏勘选点工作；完成导线测量外业工作； 完成导线测量内业计算
(2) 技术要求	往返丈量相对误差＜1/3000；测角中误差/(″)＜±20；导线全长相对闭合差＜1/2000；方位角闭合差/(″)＜$\pm 60\sqrt{n}$
(3) 工作步骤	①根据测区的条件，确定导线布设的形式。 ②现场踏勘选点、建立标志。 ③导线连接角、转折角测量、导线边长测量。 ④导线内业计算

续表

(4) 仪器与工具	全站仪1套、钢尺1把、平面图1张、记录簿1份、记录板1个
(5) 需提交成果	①导线选点略图。 ②导线测量记录手簿。 ③导线内业计算表。 ④导线计算成果表

2. 任务学习与实施

2.1 任务引导学习（表2.3）

表2.3　　任务引导学习

概念	定　　义
导线点	在测区范围内的地面上按一定要求选定的具有控制意义的待定点（图2.2）
导线	将地面上相邻导线点连接而成的折线称为导线。布设形式可分为闭合导线、附合导线、支导线三类（图2.2）
导线边	导线上的各段折线边（图2.2）
转折角	相邻导线边之间的水平夹角（图2.3）。 左角：导线测量中规定在导线前进方向左侧的角。 右角：导线测量中规定在导线前进方向右侧的角（图2.3）。 对于闭合导线，测其内角；对于附合导线，测左角或右角均可
连接角	导线中已知方向边与某一导线边的夹角（图2.3）
导线测量	测定相邻导线边长和转折角，推算坐标方位角，采用坐标反算推算导线点坐标
图根导线测量	利用导线测量的方法测定图根控制点平面位置的工作

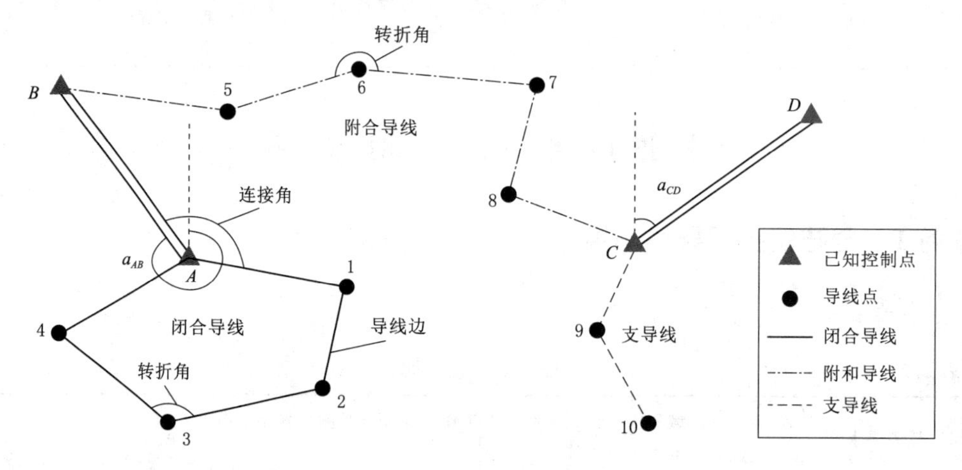

图2.2　导线示意图

2.2 任务计划实施

【步骤1】 根据测区的条件，确定导线布设的形式

【步骤2】 现场踏勘选点、建立标志

在选点之前，应先收集测区有关资料，如地形图、高等级控制点成果等资料，在图上规划好导线的布设线路，然后按规划线路到实地踏勘选点。闭合导线布设形式如图2.4所示。

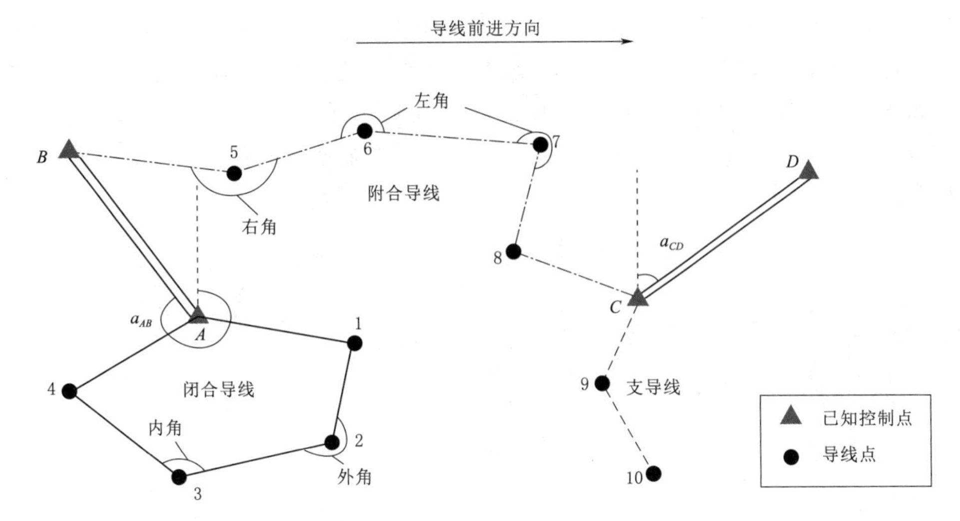

图 2.3　导线测量中的左角、右角和内角、外角

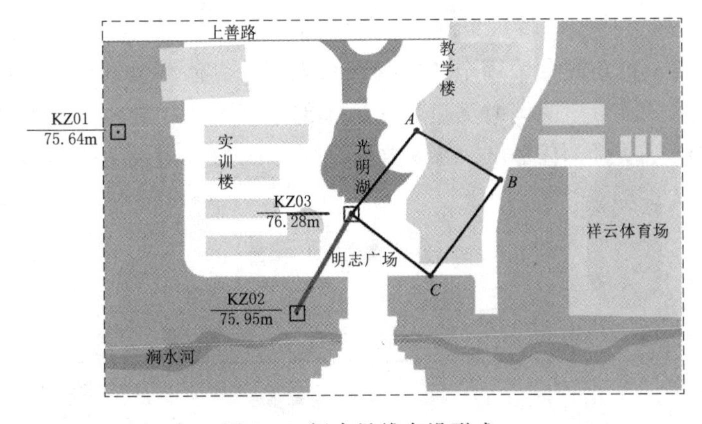

图 2.4　闭合导线布设形式

现场踏勘选点时，应综合考虑以下几个方面：

(1) 导线点应选在视野开阔，便于测绘周围地物地貌。

(2) 相邻点间应相互通视，便于角度和距离的测量。

(3) 点位应选在土质坚实，便于保存处。

(4) 导线边应大致相等，最长边不超过平均边长的2倍，并避免过长过短边直接连接。导线边长应符合表2.4的要求；导线点应有足够的密度，分布均匀，便于控制整个测区。

表 2.4　　图根导线测量技术指标表

测图比例尺	导线长度/m	平均边长/m	往返丈量相对误差	测角中误差/(″)	导线全长相对闭合差	测回数(DJ6)	方位角闭合差/(″)
1∶500	500	75	1/3000	±20	1/2000	1	$\pm 60\sqrt{n}$
1∶1000	1000	110					
1∶2000	2000	180					

导线点选定后，应在点位上建立标志。如果是临时性图根点，通常在点位上打入木桩。桩顶钉一小铁钉或划“+”作点的标志。必要时在木桩周围灌上混凝土［图 2.5 (a)］。如导线点需要长期保存，则应埋设混凝土桩或标石［图 2.5 (b)］。埋桩后应统一进行编号。为了今后便于查找，应量出导线点至附近明显地物的距离。绘出草图，注明尺寸，称为点之记［图 2.5 (c)］。

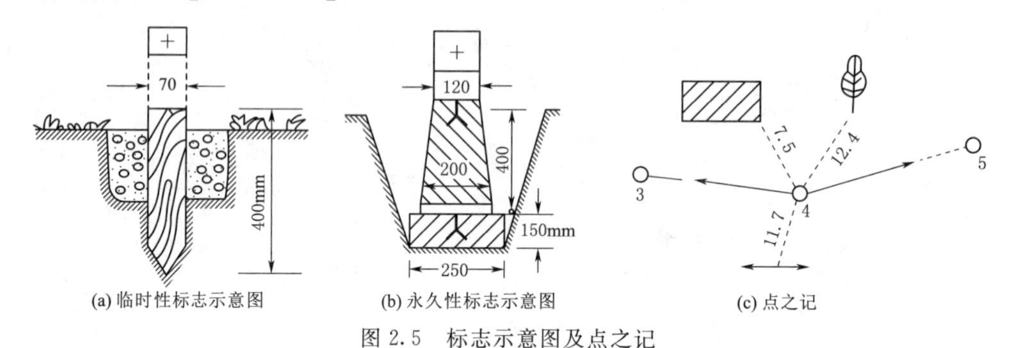

(a) 临时性标志示意图　(b) 永久性标志示意图　(c) 点之记

图 2.5　标志示意图及点之记

【步骤 3】 导线连接角、转折角测量、导线边长测量

导线转连接角、折角测量采用全站仪测回法观测，具体测量方法见项目 1 任务 2。

在测量连接角、转折角的同时测量导线边长的水平距离，导线边长测量采用全站仪测距，具体测量方法见项目 1 任务 2。测量数据记入导线测量记录手簿（表 2.5）和水平距离测量记录表（表 2.6）。

表 2.5　　**导线测量记录手簿**

班级＿水文地质 2101＿　组号＿第 4 组＿　观测者＿×××＿　记录者＿×××＿

仪器型号＿南方全站仪＿　日期＿2022 年 4 月 23 日＿　天气＿阴＿

测站	盘位	目标	水平度盘读数			半测回水平角值			一测回水平角平均角值			水平距离观测值
			°	′	″	°	′	″	°	′	″	m
03	左	02	00	01	00	183	59	02	183	59	00	175.480
		A	184	00	02							112.015
	右	A	4	00	05	183	58	57				112.003
		02	180	01	08							175.473
03	左	A	00	00	06	93	57	48	93	57	45	112.017
		C	93	57	54							89.507
	右	C	273	57	48	93	57	42				89.500
		A	180	00	06							112.012
A	左	B	00	00	00	102	48	12	102	48	09	87.581
		03	102	48	12							112.012
	右	03	282	48	24	102	48	06				112.014
		B	180	00	18							87.586

续表

测站	盘位	目标	水平度盘读数			半测回水平角值			一测回水平角平均角值			水平距离观测值
			°	′	″	°	′	″	°	′	″	m
B	左	*C*	00	00	12	78	52	03	78	51	55	137.712
		A	78	52	15							87.583
	右	*A*	258	52	24	78	51	48				87.582
		C	180	00	36							137.719
C	左	03	00	00	24	84	23	24	84	23	27	89.506
		B	84	23	48							137.710
	右	*B*	264	23	42	84	23	30				137.715
		03	180	00	12							89.510

表 2.6　　水平距离测量记录表

边　长	水平距离/m	平均值/m
03—02	175.480	175.476
	175.473	
03—*A*	112.015	112.011
	112.003	
	112.012	
	112.014	
A—*B*	87.581	87.583
	87.586	
	87.583	
	87.582	
B—*C*	137.712	137.714
	137.719	
	137.710	
	137.715	
C—03	89.507	89.506
	89.500	
	89.506	
	89.510	

【步骤 4】 导线内业计算

在内业计算之前，要全面检查外业观测数据有无遗漏，记录、计算是否有误，成果是否符合限差要求。只有在保证外业数据完全正确的前提下，才能进行内业计算工作，以免造成不必要的返工。为防止计算过程中出现错误，在导线计算前，还要根据外业成果绘制计算略图，将观测值标注在略图上（图 2.6）。

（1）计算步骤（以闭合导线为例）。

闭合导线内业计算详见表 2.7，闭合导线计算成果见表 2.8。

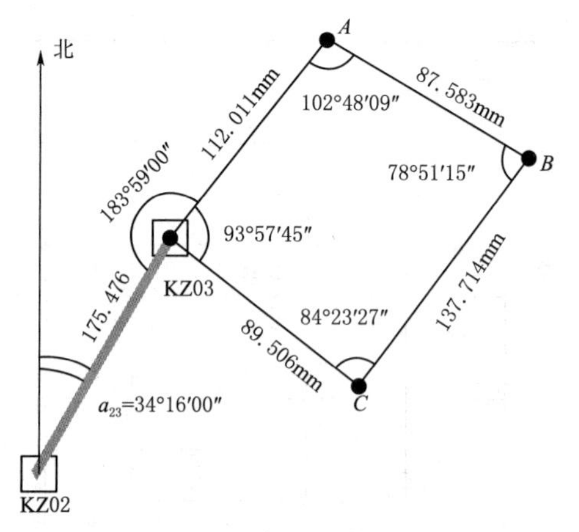

图 2.6　闭合导线计算略图

表 2.7　　闭合导线内业计算表

计算步骤	理 论 知 识	实 操 过 程
①角度闭合差的计算与调整	由平面几何的知识可知，n 边形内角和的理论值 $\sum\beta_{理}=(n-2)\times180°$ 由于角度观测过程中存在误差，使得实测内角和 $\sum\beta_{测}$ 与理论值不符，其差称为角度闭合差，以 f_β 表示 $f_\beta=\sum\beta_{测}-(n-2)\times180°$ 对于图根导线，角度闭合差的容许值： $f_{\beta容}=\pm60''\sqrt{n}$ 式中：n 为闭合导线内角的个数	角度闭合差： $f_\beta=\sum\beta_{测}-(n-2)\times180°$ $=(93°57'45''+102°48'09''+78°51'55''$ $+84°23'27'')-360°$ $=360°00'36''-360°=36''$ 角度闭合差的容许值： $f_{\beta容}=\pm60''\sqrt{n}=\pm120''$ 因为 $\lvert f_\beta\rvert\leqslant\lvert f_{\beta容}\rvert$，所以角度观测精度符合要求
②角度闭合差的调整	当 $f_\beta\leqslant f_{\beta容}$ 时，可进行闭合差调整，将 f_β 以相反的符号平均分配到各观测角。其角度改正数为 $v_\beta=-\dfrac{f_\beta}{n}$ 式中：f_β 为角度闭合差，（″）。 需要注意的是，当 f_β 不能整除时，则将余数凑整到测角的最小位分配到短边大角上	计算角度改正数： $v_\beta=-\dfrac{f_\beta}{n}=-9$
③调整后的观测值	设导线的角度观测值为 β'_i，改正后的角值为 β_i，则 $\beta_i=\beta'_i+v_\beta$ 调整后的角值应进行检核，必须满足： $\sum\beta=(n-2)\times180°$ 否则表示计算有误	改正后的角值： $\beta'_A=\beta_A+v_\beta=102°48'09''-9''=102°48'00''$ $\beta'_B=\beta_B+v_\beta=78°51'15''-9''=78°51'06''$ $\beta'_C=\beta_C+v_\beta=84°23'27''-9''=84°23'18''$ $\beta'_3=\beta_3+v_\beta=93°57'45''-9''=93°57'36''$ 注意：角度改正数一般取整秒，如果有余数，可将余数分配到短边大角上

续表

计算步骤	理论知识	实操过程
④连接计算	由导线边方位角，结合导线边与起算边的水平夹角，按照坐标方位角的推算公式 $\alpha_{前}=\alpha_{后}\pm180^\circ-\beta_{右}$	推算起算边方位角 $\alpha_{3A}=\alpha_{23}+\beta_{2A}-180=38^\circ15'00''$
⑤导线方位角推算	由起算边方位角，再结合改正后的角度值，按照坐标方位角的推算公式 $\alpha_{前}=\alpha_{后}\pm180^\circ-\beta_{右}$ 推算各边方位角。 注：如果计算方位角大于360°，应减去360°；如果计算方位角小于0°，应加上360°	推算各边方位角： $\alpha_{AB}=\alpha_{3A}+180-\beta'_{A}=38^\circ15'00''+180^\circ-102^\circ48'00''=115^\circ27'00''$ $\alpha_{BC}=\alpha_{AB}+180-\beta'_{B}=216^\circ35'54''$ $\alpha_{C3}=\alpha_{BC}+180-\beta'_{C}=312^\circ12'36''$ $\alpha_{3A}=\alpha_{C3}+180-\beta'_{3}=38^\circ15'00''$
⑥坐标增量计算及其闭合差调整	根据各边长及其方位角，即可按坐标正算公式 $x_B=x_A+D_{AB}\cdot\cos\alpha_{AB}$ $y_B=y_A+D_{AB}\cdot\sin\alpha_{AB}$ 计算出相邻导线点的坐标增量。如图2.7所示，闭合导线纵、横坐标增量的总和的理论值应等于零。 $\sum\Delta x_{测}=0$ $\sum\Delta y_{测}=0$ 由于量边误差和改正角值的残余误差，计算的观测值$\sum\Delta x_{测}$，$\sum\Delta y_{测}$一般不等于零，其与理论值之差，称为坐标增量闭合差，即 $f_x=\sum\Delta x_{测}-\sum\Delta x_{理}=\sum\Delta x_{测}$ $f_y=\sum\Delta y_{测}-\sum\Delta y_{理}=\sum\Delta y_{测}$ 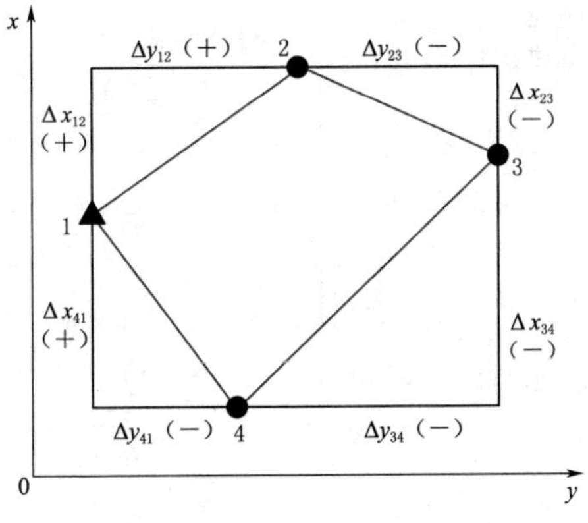 图2.7　坐标增量闭合差示意图	坐标增量： $\Delta X_{3A}=D_{3A}\cos\alpha_{3A}=112.011\times\cos38^\circ15''=87.96$ $\Delta Y_{3A}=D_{3A}\sin\alpha_{3A}=112.011\times\sin38^\circ15''=69.34$ 坐标增量闭合差： $f_x=\sum\Delta x_{测}=-0.11$ $f_y=\sum\Delta y_{测}=+0.03$

续表

计算步骤	理论知识	实操过程
⑦导线全长闭合差和相对误差的计算	导线全长闭合差：从起点出发，根据各边坐标计算值算出各点的坐标后，不能闭合于起点，造成错开的长度，用 f 表示。如图 2.8 所示，由于 f_x、f_y 的存在，使得导线不闭合而产生 f，则有 $$f=\sqrt{f_x^2+f_y^2}$$ f 值与导线长短有关。 图 2.8　导线全长闭合差计算示意图 通常以导线全长相对闭合差 k 来衡量导线的精度。即 $$k=\frac{f}{\Sigma D}=\frac{1}{\frac{\Sigma D}{f}}$$ 式中：ΣD 为导线全长。 对于图根导线，导线全长相对闭合差的容许值 $k_{容}=1/2000$。 当 $k<k_{容}$ 时，导线测量的精度符合要求，可以进行闭合差的调整；否则成果不符合要求，不得进行内业计算，需进行外业检查，必要时重新测量	导线全长闭合差： $$f_D=\sqrt{f_x^2+f_y^2}=0.105\text{m}$$ $$K=\frac{f_D}{\Sigma D}=\frac{1}{4083}<k_{容}=1/2000,$$ （符合精度要求）
⑧坐标增量闭合差的调整	由于坐标增量闭合差主要由于边长误差而产生，而边长误差大小与边长的长短有关，因此，坐标增量闭合差的调整方法是将增量闭合差 f_x、f_y 反号，按与边长成正比分配于各个坐标增量之中，使改正后的 $\Sigma\Delta x$、$\Sigma\Delta y$ 均等于零。设第 i 边边长为 D_i，其纵横坐标增量改正数分别用表示 v_{xi}、v_{yi} 表示，则 $$v_{xi}=\left(-\frac{f_x}{\Sigma D}\right)D_i$$ $$v_{yi}=\left(-\frac{f_y}{\Sigma D}\right)D_i$$ 式中：ΣD 为导线全长，m；D_i 为第 i 边的边长，m。 改正后的坐标增量计算公式为 $$\Delta X_{i改}=\Delta X_i+v_{xi}$$ $$\Delta y_{i改}=\Delta y_i+v_{yi}$$ 需要注意的是，改正数一般取至 mm，坐标增量改正数的总和应等于坐标增量闭合差的相反数，用此进行检核。如有余数，可将余数调整到长边的坐标增量的改正数上	坐标增量改正数： $$v_{x2}=\left(-\frac{f_x}{\Sigma D}\right)D_2=\left(-\frac{-0.11}{426.8}\right)\times 112.02$$ $$=+0.03$$ $$v_{y2}=\left(-\frac{f_y}{\Sigma D}\right)D_2=\left(-\frac{+0.03}{426.8}\right)\times 112.02$$ $$=-0.01$$ 改正后的坐标增量： $$\Delta X_{2改}=\Delta X_2+v_{x2}=87.96+(+0.03)$$ $$=87.99$$ $$\Delta Y_{2改}=\Delta Y_2+v_{y2}=69.34+(-0.01)$$ $$=69.33$$

续表

计算步骤	理论知识	实操过程
⑨导线点坐标的计算	坐标增量调整后，可根据起算点的坐标和调整后的坐标增量，按照坐标正算公式逐点计算各导线点的坐标，其计算公式为 $X_i = X_{i-1} + \Delta X_{i改}$ $Y_i = Y_{i-1} + \Delta Y_{i改}$	导线点的坐标： $X_2 = X_1 + \Delta X_{2改} = 53280.325 + 87.99$ $= 53368.315$ $Y_2 = Y_1 + \Delta Y_{2改} = 47212.228 + 69.33$ $= 47281.558$

表 2.8　　闭合导线计算成果表

点号	观测角/(° ′ ″)	改正角/(° ′ ″)	坐标方位角/(° ′ ″)	距离 D/m	坐标增量 Δx/m	坐标增量 Δy/m	改正后增量 Δx/m	改正后增量 Δy/m	坐标值 x/m	坐标值 y/m
1									500.00	500.00
			38 15 00	112.02	+0.03 87.96	−0.01 69.34	87.99	69.33		
2	−09 102 48 09	102 48 00							587.99	569.33
			115 27 00	87.58	+0.02 −37.64	0 79.08	−37.62	79.08		
3	−09 78 51 15	78 51 06							550.37	648.41
			216 35 54	137.71	+0.04 −110.56	−0.01 −82.10	−110.52	−82.11		
4	−09 84 23 27	84 23 18							439.85	566.30
			312 12 36	89.50	+0.02 60.13	−0.01 −66.29	60.15	−66.30		
1	−09 93 57 45	93 57 36							500.00	500.00
			38 15 00							
2										
Σ	360 00 36		360 00 00	426.8	−0.11	+0.03	0.00	0.00		
辅助计算	$f_\beta = \sum\beta - (4-2)\times 180 = +36''$　$f_{\beta限} = \pm 60''\sqrt{n} = 120''$　$f_x = \sum \Delta x_{测} = -0.11$ $f_y = \sum \Delta y_{测} = +0.03$　$f_D = \sqrt{f_x^2 + f_y^2} = 0.105\text{m}$　$K = \frac{f_D}{\sum D} = \frac{1}{4083}$ 小于容许相对闭合差：$\frac{1}{2000}$（符合精度要求）									

（2）导线点成果见表2.9。

表 2.9　　导线点成果表

点号	坐标 X	坐标 Y
A	53368.315	47281.558
B	53330.695	47360.638
C	53220.175	47278.528

2.3　任务评价反馈

考核标准见表2.10。

3. 任务拓展信息

（1）利用Excel进行闭合导线成果计算。首先，输入已知数据：点号（A列）、水平角观测值（B列、C列、D列）、观测水平距离（I列）、已知起始边的方位角（H2）和1点的坐标（N2、O2），然后输入公式进行计算。公式输入如图2.9所示，请同学根据表格内容自己制作 Excel 表格，进行闭合导线成果计算。

表 2.10　　**考核标准表**

<table>
<tr><td colspan="2">班级</td><td colspan="2"></td><td colspan="2">姓名</td><td></td></tr>
<tr><td colspan="2">所在小组</td><td colspan="2"></td><td colspan="2">学号</td><td></td></tr>
<tr><td colspan="2">小组成员</td><td colspan="5"></td></tr>
<tr><td colspan="2">任务名称</td><td colspan="5"></td></tr>
<tr><td rowspan="2">评价项目</td><td rowspan="2">评价内容</td><td colspan="4">评价方式</td><td rowspan="2">备注</td></tr>
<tr><td>学生自评</td><td>小组评价</td><td>教师评价</td><td>技能考核</td></tr>
<tr><td rowspan="5">职业素养</td><td>1. 出勤情况</td><td></td><td></td><td></td><td rowspan="11"></td><td rowspan="11">考核等级：
优、良、中、
及格、差
评价权重：
学生自评 0.2；
小组评价 0.3；
技能考核 0.3；
教师评价 0.2</td></tr>
<tr><td>2. 工作态度</td><td></td><td></td><td></td></tr>
<tr><td>3. 爱护仪器工具</td><td></td><td></td><td></td></tr>
<tr><td>4. 遵守制度</td><td></td><td></td><td></td></tr>
<tr><td>5. 吃苦耐劳</td><td></td><td></td><td></td></tr>
<tr><td rowspan="6">专业能力</td><td>6. 资料的收集与利用情况</td><td></td><td></td><td></td></tr>
<tr><td>7. 作业方案的合理性</td><td></td><td></td><td></td></tr>
<tr><td>8. 操作的正确性</td><td></td><td></td><td></td></tr>
<tr><td>9. 团队成果质量</td><td></td><td></td><td></td></tr>
<tr><td>10. 履行职责情况</td><td></td><td></td><td></td></tr>
<tr><td>11. 提交资料及时、齐全</td><td></td><td></td><td></td></tr>
<tr><td rowspan="4">协同创新能力</td><td>12. 沟通与交流</td><td></td><td></td><td></td><td rowspan="4"></td><td rowspan="4"></td></tr>
<tr><td>13. 对作业依据的把握</td><td></td><td></td><td></td></tr>
<tr><td>14. 作业计划的合理性</td><td></td><td></td><td></td></tr>
<tr><td>15. 作业效率</td><td></td><td></td><td></td></tr>
<tr><td colspan="2">综合评价</td><td></td><td></td><td></td><td></td><td></td></tr>
</table>

	A	B	C	D	E	F	G	H	I
1	点号	°	′	″	观测角/(°)	角度改正数	改正后的角/(°)	坐标方位角/(°)	距离/m
2	1							**38.25000**	
3	2	**102**	**48**	**9**	B3+C3/60+D3/3600	F7/4	E3+F3	H2+180-G3	**112.01**
4	3	**78**	**51**	**15**	B4+C4/60+D4/3600	F7/4	E4+F4	H3+180-G4	**87.58**
5	4	**84**	**23**	**27**	B5+C5/60+D5/3600	F7/4	E5+F5	H4+180-G5	**137.71**
6	1	**93**	**57**	**45**	B6+C6/60+D6/3600	F7/4	E6+F6	H5-G6-180	**89.5**
7	Σ				E3+E4+E5+E6	(E7-360)			426.8
8	辅助计算	$f_{\beta测}$			E7-360	度=	E8*3600	秒	f=
9		$f_{\beta容}$			60*SQRT(4)	秒			K=
10	备注：粗体字为输入数据，角度观测为右角，坐标增量闭合差的调整为手动分配。								

I	J	K	L	M	N	O
距离/m	Δx/m	Δy/m	改正后 Δx/m	改正后 Δy/m	x/m	y/m
					500.00	**500.00**
112.01	I3*COS(RADIANS(H2))	I3*SIN(RADIANS(H2))	J3+0.03	K3+0	N2+L3	02+M3
87.58	I4*COS(RADIANS(H3))	I4*SIN(RADIANS(H3))	J4+0.02	K4-0.01	N3+L4	03+M4
137.71	I5*COS(RADIANS(H4))	I5*SIN(RADIANS(H4))	J5+0.03	K5-0.01	N4+L5	04+M5
89.5	I6*COS(RADIANS(H5))	I6*SIN(RADIANS(H5))	J6+0.02	K6-0.01	N5+L6	05+M6
426.8	J3+J4+J5+J6	K3+K4+K5+K6	L3+L4+L5+L6	M3+M4+M5+M6		
f=	SQRT(J7*J7+K7*K7)					
K=	1/	I7/J8	<	1/2000		

图 2.9　利用 Excel 计算闭合导线

（2）附合导线成果计算案例。图 2.10 所示为一附合导线的计算略图，A、B、C、D 点为已知的控制点，α_{AB}、α_{CD} 及（x_B，y_B）、（x_C，y_C）为起算数据，角度和边长的观测值已在图中标注，计算附合导线中 1～4 点的坐标。

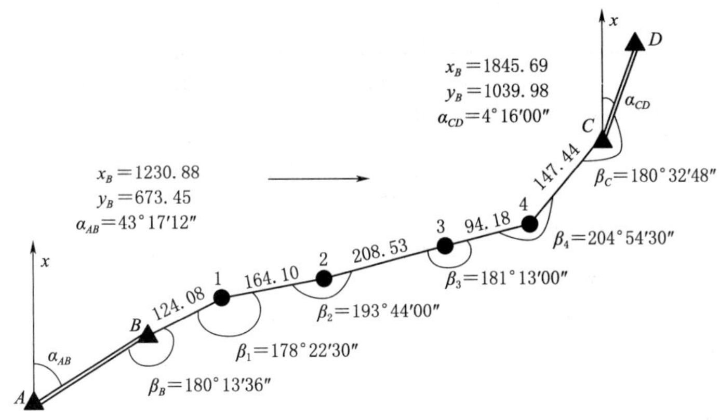

图 2.10　附合导线的计算略图

（3）利用 Excel 进行附合导线成果计算。首先，输入已知数据：点号（A 列）、水平角观测值（B 列、C 列、D 列）、观测水平距离（I 列）、已知起始边 AB 的方位角（H2）和 CD 边的方位角（H8），已知 B 和 C 的坐标，然后输入公式进行计算。公式输入如图 2.11 所示，请同学根据表格内容自己制作 Excel 表格，进行附和导线成果计算。

	A	B	C	D	E	F	G	H	I
1	点号	°	′	″	观测角/（°）	角度改正数	改正后的角/（°）	坐标方位角/（°）	距离/m
2	A							43.28670	
3	B	180	13	36	180.2267	0.00223	180.2288944	43.05781	124.08
4	1	178	22	30	178.3750	0.00223	178.3772278	44.68058	164.1
5	2	193	44	0	193.7333	0.00223	193.7355611	30.64502	208.53
6	3	191	13	0	181.2167	0.00223	181.2188944	29.72612	94.18
7	4	204	54	30	204.9083	0.00223	204.9105611	4.81556	147.44
8	C	180	32	48	180.5467	0.00223	180.5488944	4.26667	
9	D						检核α_{CD}=	4.26667	
10	Σ				1119.0067	0.0134	1119.020033		738.33
11		α'_{CD}=			4.2800		检核α_{CD}=	4.26667	x_C-x_B=
12	辅助计算	f_β=			0.0134	度=	48	m	f_x=
13		$f_{\beta容}$=			146.9694	秒=	147	秒	f=
14		f< $f_容$符合精度要求							K=
15	备注：粗体字为输入数据，角度观测为右角，角度闭合差、坐标增量闭合差的调整为手动分配。								

I	J	K	L	M	N	O
距离/m	Δx/m	Δy/m	改正后Δx/m	改正后Δy/m	x/m	y/m
124.08	90.661	84.714	90.646	84.734	1230.880	673.450
164.1	116.681	115.388	116.662	115.415	11321.526	758.184
208.53	178.848	107.229	178.824	107.264	1438.189	873.599
94.18	81.786	46.700	81.775	46.715	1617.012	980.863
147.44	146.920	12.377	146.902	12.402	1698.788	1027.578
					1845.690	1039.980
				检核C点坐标	1845.690	1039.980
738.33	614.896	366.408	614.810	366.530		
x_C−x_B=	614.810	y_C−y_B=	366.530			
f_x=	0.086	f_y=	−0.122			
f=	0.150					
K=	1/	4931	<	1/2000满足精度要求		

图 2.11　利用 Excel 计算附合导线

子任务2　卫星定位动态控制测量

1. 任务说明（表2.11）

表2.11　任务说明

(1) 任务要求	利用图2.1中控制点数据，踏勘选点，布设加密导线；完成GNSS-RTK设备连接；导出加密控制点数据，绘制导线测量草图
(2) 技术要求	控制点检核误差平面应不超过5cm，高程不超过7cm；各测回间的平面坐标分量较差的绝对值不大于25mm，高差较差的绝对值不大于50mm
(3) 工作步骤	①现场踏勘选点、建立标志。 ②基准站的架设和设置。 ③移动站设置。 ④新建项目。 ⑤参数计算。 ⑥测回法数据采集
(4) 仪器与工具	GNSS接收机2台、三脚架2个、小钢尺1把、对中杆1套，手簿1个，电源1台
(5) 需提交成果	GNSS-RTK控制测量手簿1份

2. 任务学习与实施

2.1　任务引导学习

GNSS-RTK控制测量：与GNSS静态测量、快速静态测量等均需要事后解算才能达到厘米级精度相比，GNSS-RTK能够在野外实时获得厘米级定位精度的测量方法，极大地提高了外业作业效率。因此，GNSS-RTK广泛用于低等级的控制测量，尤其是小区域图根控制测量。

GNSS-RTK控制测量技术要求：

(1) GNSS-RTK控制测量一般要求。

GNSS-RTK控制测量中对卫星状态的要求应满足表2.12。

表2.12　GNSS-RTK控制测量卫星状态的基本要求

观测窗口状态	截止高度角15°以上的卫星个数	PDOP值
良好	≥6	<4
可用	5	≤6
不可用	<5	>6

(2) GNSS-RTK平面控制测量的主要技术要求。

GNSS-RTK平面控制测量中，测定不同等级平面控制点的技术要求应满足表2.13。

表2.13　GNSS-RTK平面控制测量主要技术要求

等级	相邻点间距离/m	点位中误差/cm	边长相对中误差	与参考站的距离/km	观测次数	起算点等级
一级	≥500	≤±5	≤1/20000	≤5	≥4	四等及以上
二级	≥300	≤±5	≤1/10000	≤5	≥3	一级及以上
三级	≥200	≤±5	≤1/6000	≤5	≥2	二级及以上

(3) GNSS-RTK 高程控制测量的主要技术要求。

GNSS-RTK 高程控制测量中，测定不同等级平面控制点的技术要求应满足表 2.14。

表 2.14　GNSS-RTK 高程控制测量主要技术要求

等级	高程中误差	与基准站的距离	观测次数	起算点等级
五等	≤±3cm	≤5km	≥3	四等水准及以上

注　高程中误差指控制点高程相对于起算点的误差。
网络 RTK 高程控制测量可不受流动站到参考站距离的限制，但应在网络有效服务范围内。

2.2 任务计划实施

【步骤 1】 现场踏勘选点、建立标志

在选点之前，应先收集测区有关资料，如地形图、高等级控制点成果等资料，在图上规划好导线的布设线路，然后按规划线路到实地踏勘选点。

现场踏勘选点时，应综合考虑以下几个方面：

(1) 点位应选在稳固地段，同时应方便观测、加密和扩展，每个控制点宜有 1 个通视方向。

(2) 点位应对空开阔，高度角在 15°以上的范围内，应无障碍物；点位周围不应有强烈干扰接收卫星信号的干扰源或强烈反射卫星信号的物体，距大功率无线电发射源宜大于 200m，距高压输电线路或微波信号传输通道宜大于 50m。

点位确定后，应进行现场标绘，并绘制点位分布略图（图 2.12）。

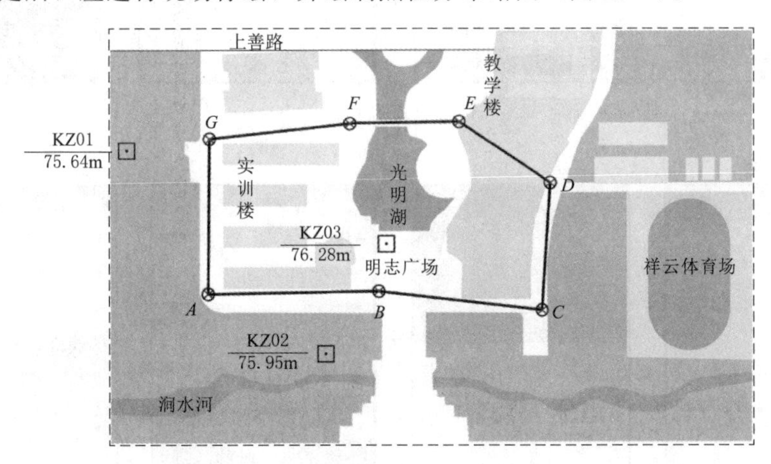

图 2.12　点位分布略图

【步骤 2】 新建项目

启动手簿桌面上的“Hi-RTK 道路版”软件。新建项目，输入“项目名”。点击“基准面”，选择当地椭球作为目标椭球参数，如图 2.13 所示。

【步骤 3】 移动站的连接

点击“设备连接”，进入设置界面。连接方式选择“蓝牙”，点击“连接”。点击“搜索设备”，选择仪器型号，连接“蓝牙”，如图 2.14 所示。

【步骤 4】 移动站的设置

点击“移动站设置”。主机内置 SIM 卡，选择“手动设置”；数据链选择“手簿差

分”，服务器选择“CORS”；输入“IP”和“端口”；选择“源节点”；输入“用户名”“密码”并保存；手簿显示“固定”，可以开始作业，如图2.15所示。

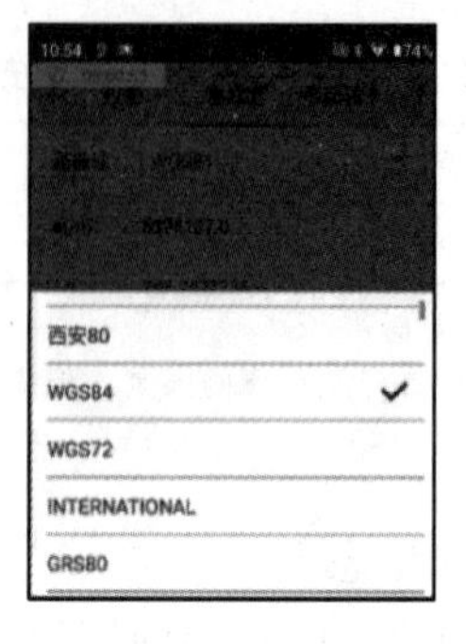

图2.13　新建项目

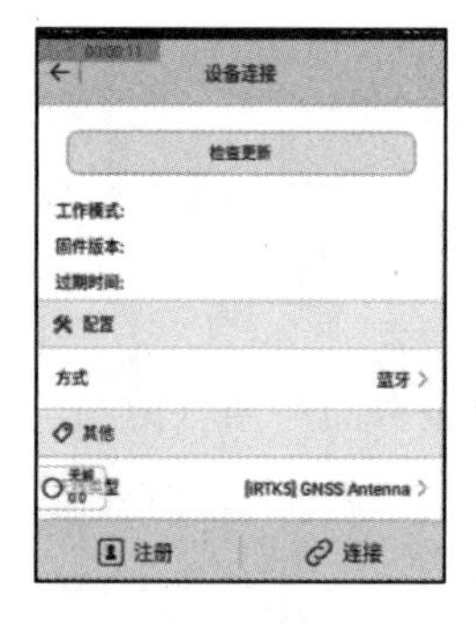

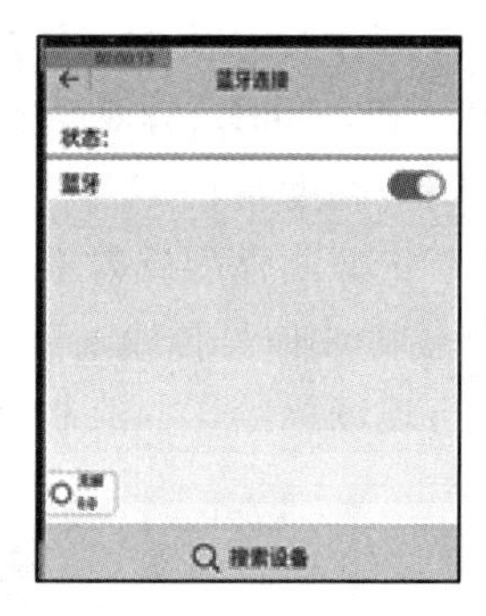

图2.14　移动站的连接

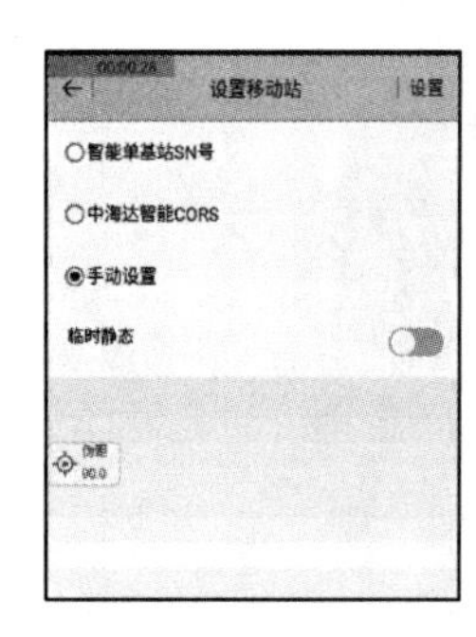

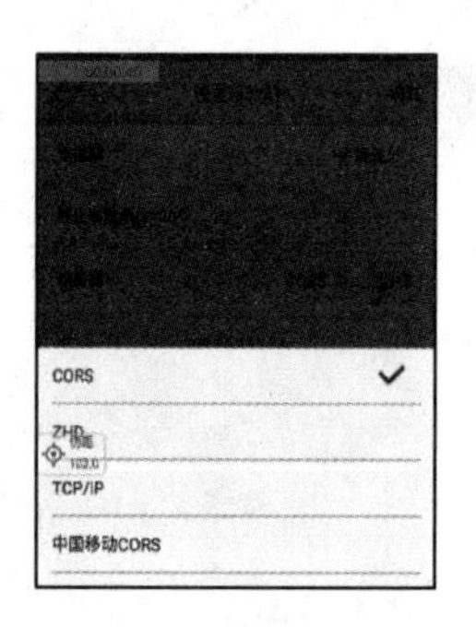

图2.15　移动站的设置

【步骤5】 参数计算

（1）录入已知点坐标。测区内至少有两个已知点，用此两点进行参数计算。点击进入“坐标数据”库，点击“控制点”，点击“添加”加入两个已知点坐标，如图2.16所示。

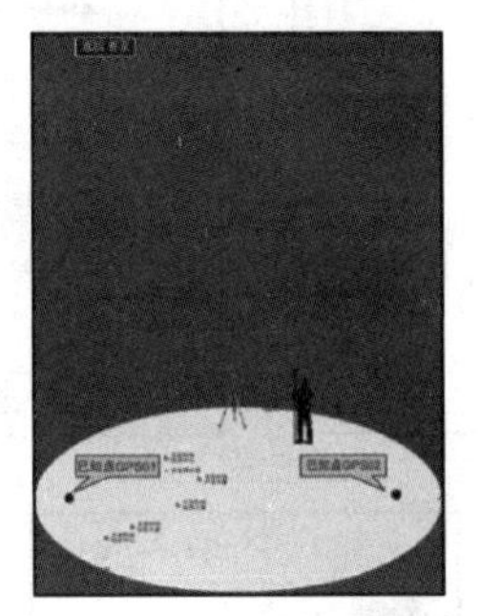

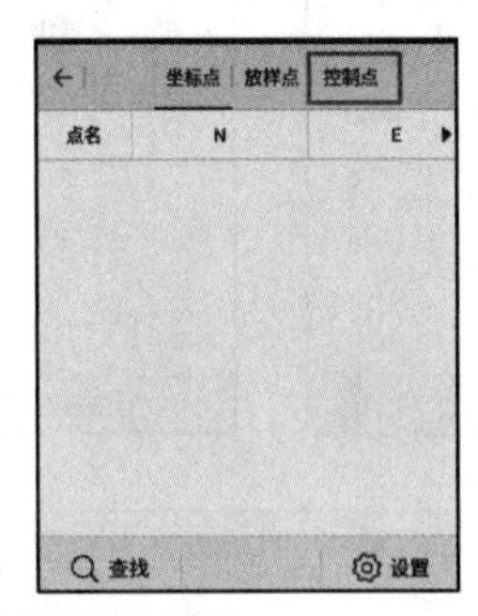

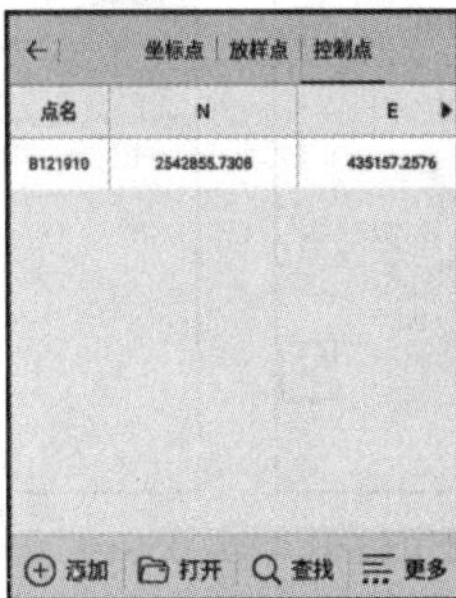

图2.16　输入已知点坐标

（2）实测已知点坐标。点击“碎步测量”，移动站对中整平达到固定解中误差3cm左右，点击“手动采集”按钮，输入“点名”“仪器高”，然后点击“确认”按钮保存坐标，如图2.17所示。

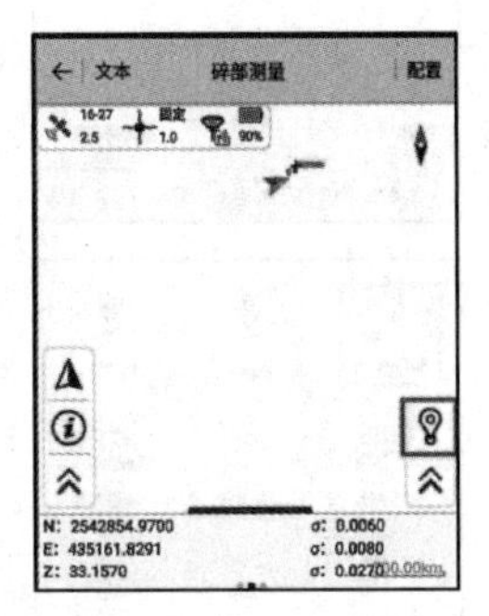

图2.17　实测已知点坐标

（3）调用数据。点击“参数计算”，选择“添加”，“源点”坐标选用前面实测的坐标值，该值从“原始数据”库中调用碎步点坐标。“目标点”坐标选用手动录入两点的已知坐标，然该值从“控制点数据”库中调用，如图2.18所示。

（4）“四参数+高程拟合”计算。录入完毕后，选择“四参数+高程拟合”，点击“计算”，计算结果中若“尺度”接近“1”，则说明数据精度良好。点击“测量”主界面，选用“碎步测量”对参数计算后的已知点进行检核。当达到固定解，中误差小于3cm，说明参数计算合格，如图2.19所示。

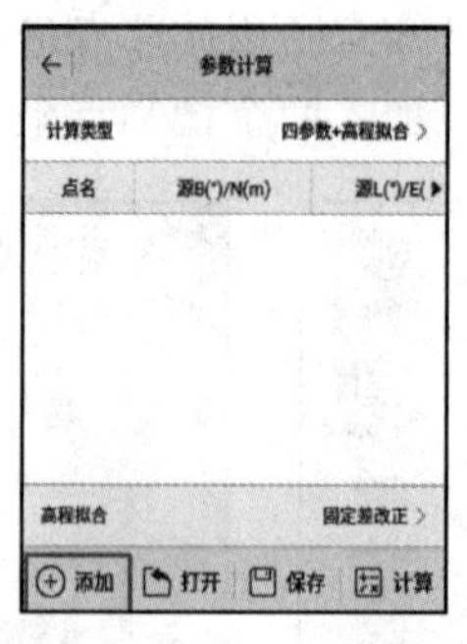

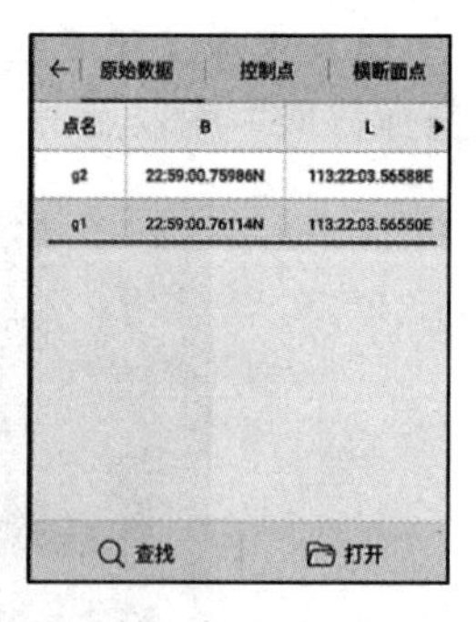

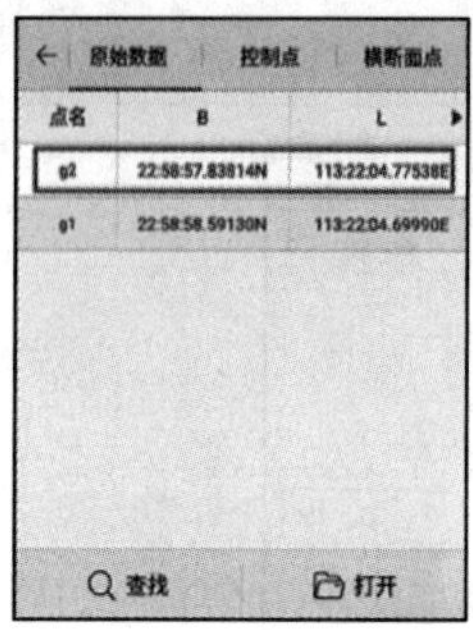

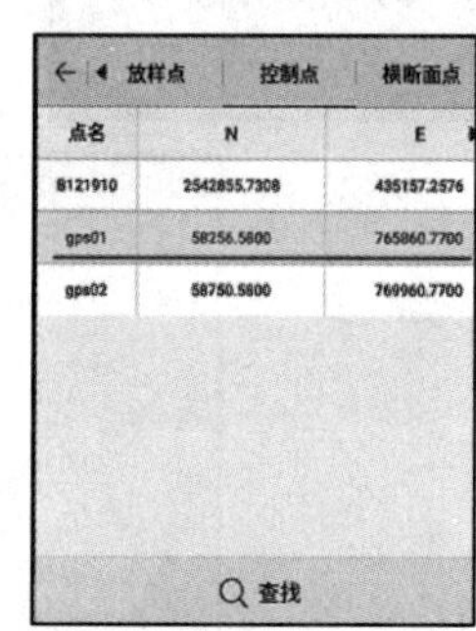

图2.18　调用数据

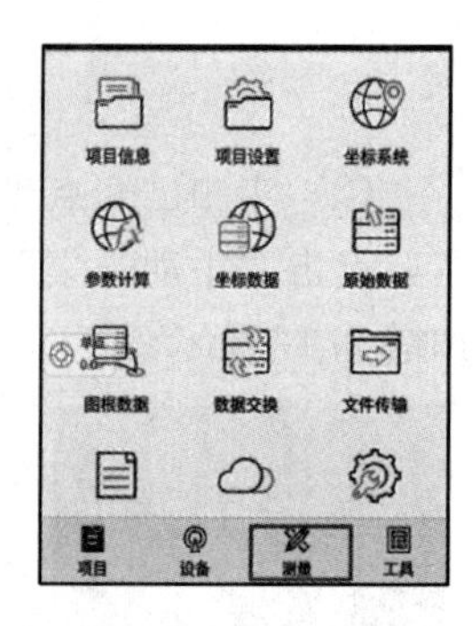

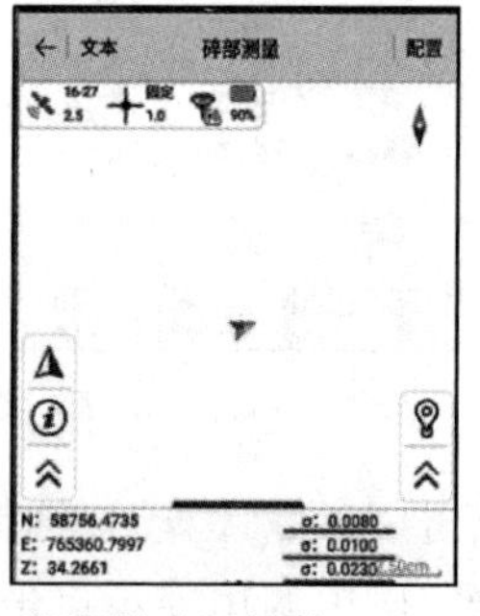

图2.19　“四参数+高程拟合”计算

【步骤6】 测回法数据采集（图2.20）

在软件主界面点击“测量”进入“碎部测量”界面，将对中杆放在指定的待测点上，对中整平，在得到固定解且收敛稳定后，点击手簿界面右下角小旗子图标按钮（或者按住手簿

"Ent"键）采集坐标，输入点名、仪器高，点击"保存"（或再按一次手簿"Ent"键）完成第一个测回控制点的坐标采集，间隔 60s 后采集第二测回，同样的方式共采集 10 个测回数据，当各测回间的平面坐标分量较差的绝对值不大于 25mm，高差较差的绝对值不大于 50mm 时；取各测回结果的平均值作为最终的观测结果，*B* 点整理后计入表 2.15。

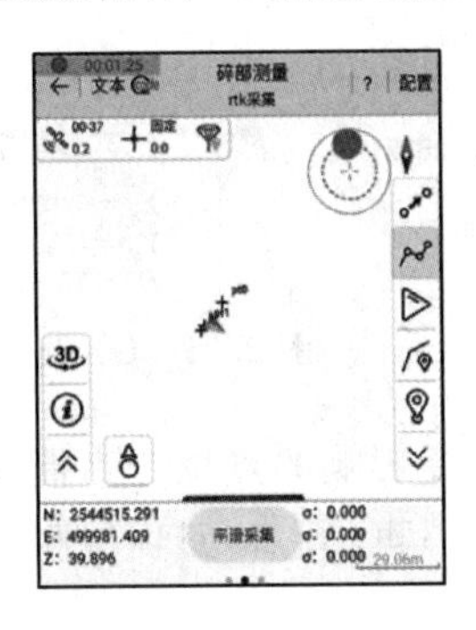

图 2.20 测回法数据采集

表 2.15 **GNSS-RTK 控制测量记录手簿**

班级 水文地质 2101 组号 第 2 组 观测者 ××× 记录者 ×××
仪器型号 Hi-Survey iRTK2 日期 2022 年 3 月 21 日 天气 晴朗

序号	控制点点号	坐标/m			平均值/m		
		N	E	Z	N	E	Z
1	SLB-1	53154.961	47188.704	75.896	53154.955	47188.715	75.8790
2	SLB-2	53154.956	47188.713	75.887			
3	SLB-3	53154.949	47188.720	75.891			
4	SLB-4	53154.945	47188.727	75.902			
5	SLB-5	53154.961	47188.715	75.888			
6	SLB-6	53154.944	47188.704	75.869			
7	SLB-7	53154.968	47188.712	75.876			
8	SLB-8	53154.97	47188.711	75.874			
9	SLB-9	53154.946	47188.717	75.858			
10	SLB-10	53154.951	47188.722	75.849			

根据测回法可测得其余各加密控制点坐标值，绘制相应草图如图 2.21 所示。

注意事项：

(1) 作业前应在同等级或高等级点位上进行校核，并不应少于 2 点。

(2) 作业中若出现卫星失锁或通信中断，应在同等级或高等级点位上进行校核，并不应少于 1 点。

(3) 平面位置校核偏差应不超过 50mm，高程校核偏差应不超过 70mm，不满足时，重新设置流动站。

(4) 单基站 RTK 测量的作业半径不宜超过 5km，作业过程中不宜对基准站的设置，基准站天线和位置进行更改。

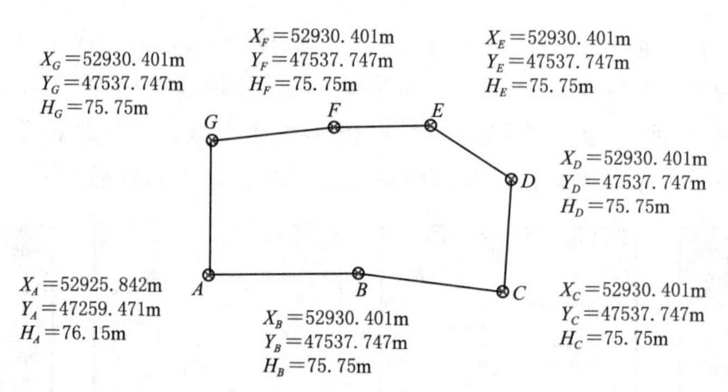

图 2.21　GNSS-RTK 控制点草图

（5）移动站在信号受影响的点位，为提高效率，可将仪器移到开阔处或升高天线，待数据链锁定达到固定后，再小心移回到待测点，一般可以初始化成功。

2.3　任务评价反馈

考核标准见表 2.16。

表 2.16　　**考 核 标 准 表**

班级			姓名			
所在小组			学号			
小组成员						
任务名称						
评价项目	评价内容	评价方式				备注
		学生自评	小组评价	教师评价	技能考核	
职业素养	1. 出勤情况					考核等级：优、良、中、及格、差 评价权重： 学生自评 0.2； 小组评价 0.3； 技能考核 0.3； 教师评价 0.2
	2. 工作态度					
	3. 爱护仪器工具					
	4. 遵守制度					
	5. 吃苦耐劳					
专业能力	6. 资料的收集与利用情况					
	7. 作业方案的合理性					
	8. 操作的正确性					
	9. 团队成果质量					
	10. 履行职责情况					
	11. 提交资料及时、齐全					
协同创新能力	12. 沟通与交流					
	13. 对作业依据的把握					
	14. 作业计划的合理性					
	15. 作业效率					
综合评价						

3. 任务拓展信息

根据 GNSS-RTK 控制测量原理将其余控制点放置于实际场景，并填写任务附表 13。

任务 2　高程控制测量

子任务 1　四等水准测量

1. 任务说明（表 2.17）

表 2.17　任务说明

(1) 任务要求	已知水准点 BM_A 的高程为 76.15m，从 A 点出发，按照四等水准测量施测一条闭合路线，在场地上选定 3 个待测高程点 B、C、D，与 A 点构成一条闭合水准路线（图 2.22）。在两个高程点之间，根据实际情况，最好设置 1～2 个转点
(2) 技术要求	①测站技术要求：视距小于 100m；前后视距差小于 3m；视距累积差小于 10m；黑红面读数差小于 3mm；黑红面高差之差小于 5mm。 ②水准路线高差闭合差限差为 $\pm 6\sqrt{n}$ mm（山地）或 $\pm 20\sqrt{L}$ mm（平地），n 为测站总数，L 为以 km 为单位的水准路线长度。 ③观测精度满足要求后，根据观测结果进行高差闭合差对的调整和高程计算
(3) 工作步骤	①准备工作。 ②后视尺黑面读数。 ③后视尺红面读数。 ④前视尺黑面读数。 ⑤前视尺红面读数。 ⑥依次观测整条水准路线。 ⑦计算检核。 ⑧高差闭合差调整和高程计算
(4) 仪器与工具	DS_3 水准仪 1 台、三脚架 1 个、水准尺 1 对、尺垫 2 个
(5) 需提交成果	四等水准测量记录手簿，四等水准路线示意图

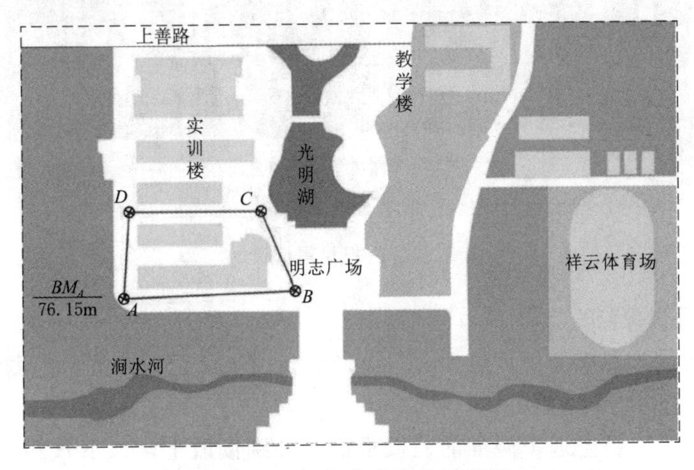

图 2.22　闭合水准测量示意图

2. 任务学习与实施

2.1 任务引导学习

三、四等水准测量一般应与国家一、二等水准网联测，使整个测区具有统一的高程系统。若测区附近没有国家一、二等水准点，则在小区域范围内可假定起算点的高程，采用闭合水准路线的方法，建立独立的首级控制网。

四等水准测量的各项限差：视距小于 100m；前后视距差小于 3m；视距累积差小于 10m；黑红面读数差小于 3mm；黑红面高差之差小于 5mm；水准路线高差闭合差限差为 $\pm 6\sqrt{n}$ mm（山地）或 $\pm 20\sqrt{L}$ mm（平地），n 为测站总数，L 为以 km 为单位的水准路线长度。

四等水准测量一测站的观测顺序可简称为“后—后—前—前”，或“黑—红—黑—红”。

2.2 任务计划实施

【步骤 1】 准备工作

在作业开始的第一个星期内，每天应对水准仪进行 i 角检验，若 i 角保持在 10″以内时，以后可每隔 15 天测定一次；自动安平水准仪作业的，圆水准器应严格进行校正保持在正确位置，观测时要仔细置平。

【步骤 2】 后视尺黑面读数

如图 2.23 所示，从已知点 A 开始，按照预定路线逐站施测，在点 A 和转点 TP_1 之间安置仪器，使前后视距大致相等，满足视距差要求；注意转点需要放尺垫；仪器整平后，将望远镜对准后视尺黑面，分别读取上丝、下丝和中丝读数，记入四等水准测量记录手簿。

图 2.23 后视尺黑面读数

【步骤 3】 后视尺红面读数

如图 2.24 所示，照准后视尺红面，只读取中丝读数，记入四等水准测量记录手簿。

【步骤 4】 前视尺黑面读数

如图 2.25 所示，将望远镜照准前视尺黑面，分别读取上丝、下丝和中丝读数，记入四等水准测量记录手簿。

图 2.24　后视尺红面读数

图 2.25　前视尺黑面读数

【步骤 5】　前视尺红面读数

如图 2.26 所示，照准前视尺红面，只读取中丝读数，记入四等水准测量记录手簿；至此，一个测站上的操作已完成。四等水准测量一测站的观测顺序可简称为“后—后—前—前”，或“黑—红—黑—红”。

【步骤 6】　依次观测整条水准路线

同样的方法依次观测整条水准路线，最后回到已知高程点 A。

【步骤 7】　计算检核

整条线路测完后，现场进行检核计算，并计算高差闭合差。高差闭合差应在限差之内，否则，应当返工。

【步骤 8】　高差闭合差调整和高程计算

对符合要求的观测成果进行闭合差的调整和高程计算，同项目 1 任务 1 的子任务 3 中步骤 5，结果填入表 2.18。

图 2.26　前视尺红面读数

表 2.18　　　　**四等水准测量记录手簿**

班级 水文地质 2101　　组号 第 2 组　　观测者 ×××　　记录者 ×××

仪器型号 NAL224　　日期 2021 年 3 月 27 日　　天气 阴

测站编号	测点编号	后尺 上丝 / 下丝	前尺 上丝 / 下丝	方向及尺号	标尺读数 黑面	标尺读数 红面	K＋黑－红 /mm	高差中数 /m	备注
		后视距	前视距						
		视距差 d	Σd						
		(1)	(4)	后	(3)	(8)	(14)		
		(2)	(5)	前	(6)	(7)	(13)		
		(9)	(10)	后－前	(15)	(16)	(17)	(18)	
		(11)	(12)						
1	BM_1	1571	0739	后 BM_1	1384	6171	0		
	—	1197	0363	前	0551	5239	－1		
	TP_1	37.4	37.6	后－前	＋0833	＋0932	＋1	＋0.8325	
		－0.2	－0.2						
2	TP_1	2121	2196	后	1934	6621	0		
	—	1747	1821	前	2008	6796	－1		
	TP_2	37.4	37.5	后－前	－0074	－0175	＋1	－0.0745	K_1＝4787
		－0.1	－0.3						K_2＝4687
3	TP_2	1913	2054	后	1726	6513	0		
	—	1538	1677	前	1866	6554	－1		
	TP_3	37.5	37.7	后－前	－0140	－0041	＋1	－0.1405	
		－0.2	－0.5						
4	TP_3	1964	2140	后	1832	6519	0		
	—	1699	1873	前 BM_2	2007	6793	－1		
	BM_2	26.5	26.7	后－前	－0175	－0274	＋1	－0.1745	
		－0.2	－0.7						
每页校核	视距校核：Σ(9)＝138.8　Σ(10)＝139.5　Σ(9)－Σ(10)＝－0.7 高差校核：Σ[(3)＋(8)]－Σ[(6)＋(7)]＝Σ[(15)＋(16)]＝＋0.886 Σ(18)＝＋0.443　　2Σ(18)＝＋0.886								

注意事项：

（1）读数前应消除视差，水准管的气泡一定要严格居中。

（2）计算平均高差时，都是以黑面尺计算所得高差为基准。

（3）每站观测完毕，应立即进行计算，该测站的所有检核均符合要求后方可搬站，否则必须立即重测。

（4）仪器未搬站，后视尺不可移动；仪器搬站时，前视尺不可移动。

（5）最后须进行每页计算校核，如果有误，须逐项检查计算中的差错并进行改正。

（6）实训中严禁专门化作业。小组成员的工种应进行轮换，保证每人都能担任到每一项工种。

（7）测站数一般应设置为偶数；为确保前、后视距离大致相等，可采用步测法；同时在施测过程中，应注意调整前后视距，以保证前后视距累积差不超限。

2.3　任务评价反馈

考核标准见表 2.19。

表 2.19　　考核标准表

<table>
<tr><td>班级</td><td colspan="2"></td><td colspan="2">姓名</td><td colspan="2"></td></tr>
<tr><td>所在小组</td><td colspan="2"></td><td colspan="2">学号</td><td colspan="2"></td></tr>
<tr><td>小组成员</td><td colspan="6"></td></tr>
<tr><td>任务名称</td><td colspan="6"></td></tr>
<tr><td rowspan="2">评价项目</td><td rowspan="2">评价内容</td><td colspan="4">评价方式</td><td rowspan="2">备注</td></tr>
<tr><td>学生自评</td><td>小组评价</td><td>教师评价</td><td>技能考核</td></tr>
<tr><td rowspan="5">职业素养</td><td>1. 出勤情况</td><td></td><td></td><td></td><td rowspan="15"></td><td rowspan="15">考核等级：
优、良、中、
及格、差
评价权重：
学生自评 0.2；
小组评价 0.3；
技能考核 0.3；
教师评价 0.2</td></tr>
<tr><td>2. 工作态度</td><td></td><td></td><td></td></tr>
<tr><td>3. 爱护仪器工具</td><td></td><td></td><td></td></tr>
<tr><td>4. 遵守制度</td><td></td><td></td><td></td></tr>
<tr><td>5. 吃苦耐劳</td><td></td><td></td><td></td></tr>
<tr><td rowspan="6">专业能力</td><td>6. 资料的收集与利用情况</td><td></td><td></td><td></td></tr>
<tr><td>7. 作业方案的合理性</td><td></td><td></td><td></td></tr>
<tr><td>8. 操作的正确性</td><td></td><td></td><td></td></tr>
<tr><td>9. 团队成果质量</td><td></td><td></td><td></td></tr>
<tr><td>10. 履行职责情况</td><td></td><td></td><td></td></tr>
<tr><td>11. 提交资料及时、齐全</td><td></td><td></td><td></td></tr>
<tr><td rowspan="4">协同创新能力</td><td>12. 沟通与交流</td><td></td><td></td><td></td></tr>
<tr><td>13. 对作业依据的把握</td><td></td><td></td><td></td></tr>
<tr><td>14. 作业计划的合理性</td><td></td><td></td><td></td></tr>
<tr><td>15. 作业效率</td><td></td><td></td><td></td></tr>
<tr><td colspan="2">综合评价</td><td></td><td></td><td></td><td></td><td></td></tr>
</table>

3. 任务拓展信息

三、四等水准测量的主要技术要求见表 2.20。

表 2.20　　三、四等水准测量的主要技术要求

等级	路线长度/km	水准仪	水准尺	观测次数		往返较差、附合或环线闭合差	
				与已知点联测	附合或环线	平地/mm	山地/mm
三等	≤50	DS_1	铟瓦	往返各一次	往一次	$\pm 12\sqrt{L}$	$\pm 4\sqrt{n}$
		DS_3	双面		往返各一次		
四等	≤16	DS_3	双面	往返各一次	往一次	$\pm 20\sqrt{L}$	$\pm 6\sqrt{n}$
图根	≤5	DS_3	单面	往返各一次	往一次	$\pm 40\sqrt{L}$	$\pm 12\sqrt{n}$

三、四等水准测量一般采用双面尺法观测，其在一个测站上的技术要求见表 2.21。

表 2.21　　三、四等水准测量测站技术要求

等级	水准仪	视线长度/m	前后视距较差/m	前后视距累积差/m	视线离地面最低高度/m	黑红面读数较差/mm	黑红面高差较差/mm
三等	DS_1	100	3	6	0.3	1.0	1.5
	DS_3	75				2.0	3.0
四等	DS_3	100	5	10	0.2	3.0	5.0
图根	DS_3	150	大致相等	—	—	—	—

子任务 2　三角高程测量

1. 任务说明（表 2.22）

表 2.22　　任　务　说　明

(1) 任务要求	根据已知水准 A 点的高程为 76.13m，通过三角高程测量 B、C 两点的高程，三点构成一个闭合环（图 2.27）
(2) 技术要求	①竖直角采用中丝读数，观测两个测回。 ②指标差较差和测回差较差均不大于±15″。 ③对向高差较差不大于 $40\sqrt{D}$ mm，环线闭合差不大于 $20\sqrt{\sum D}$ mm，D 为导线边的长度（km）。 ④边长测量取 2 次读数的平均值，两次读数差不超过±5mm
(3) 工作步骤	①仪器安置和棱镜常数设置。 ②设站点量取仪器高。 ③观测目标点的斜距、垂直角和觇标高。 ④计算往返高差。 ⑤检验
(4) 仪器与工具	每组全站仪 1 台、三脚架 3 个、小钢尺 3 把、棱镜 2 套
(5) 需提交成果	三角测量记录手簿 1 份

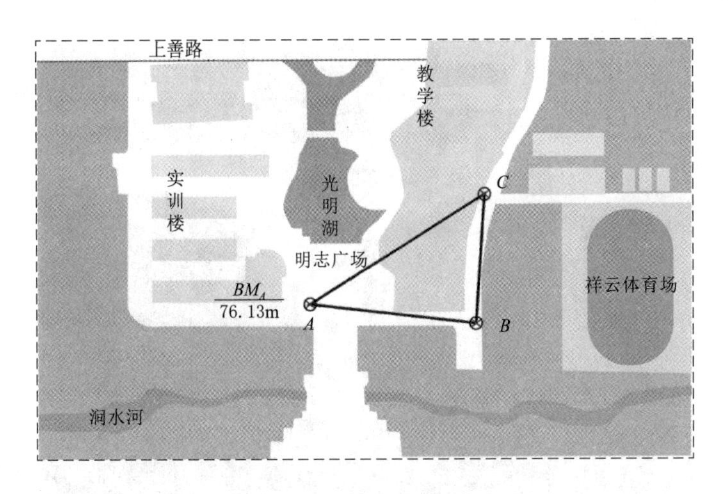

图 2.27　控制点分布示意图

2. 任务学习与实施

2.1　任务引导学习（表 2.23）

表 2.23　　**任务引导学习**

概念	定　　义
三角高程测量	根据两点间的水平距离和竖直角计算两点的高差，然后求出待定点的高程，是加密图根高程的一种方法
适用条件	适用于山区或高层建筑物上。因为这些地区，水准测量作高程控制，困难大且速度慢。实践证明，电磁波三角高程的精度可以达到四等水准的要求
测量原理	如图 2.28 所示，A 为已知高程点，其高程设为 H_A。B 点为待测高程点，设其高程为 H_B。在 A 点安置仪器，用望远镜中丝瞄准 B 点觇标的顶点（或棱镜中心），测得竖直角 α，并量取仪器高 i 和觇标高 v（或棱镜高），若测出 A、B 两点间的水平距离 D，则可求得 A 点对 B 点的高差 h_{AB}，即 $$h_{AB}=D\cdot\tan\alpha+i-v$$ B 点的高程为　$$H_B=H_A+D\cdot\tan\alpha+i-v$$ 注意：三角高程测量是以水平面为基准面和照准光线沿直线行进为前提的。当距离较远时，必须考虑地球弯曲和大气折光的影响

2.2　任务计划实施

【步骤 1】　仪器安置和棱镜常数设置

从 A 点出发开始架设仪器，B、C 两点架设棱镜，对中整平后量取仪器高和棱镜高，全站仪棱镜常数设置。

【步骤 2】　A 点量取仪器高

用钢尺量取全站仪的仪器高度。

图 2.28　三角高程测量原理

【步骤 3】 B、C 点观测斜距、垂直角和觇标高

沿顺时针或逆时针方向移动仪器和棱镜，按技术要求观测距离和垂直角；重复以上观测，直至所有测段都进行了往返观测。

【步骤 4】 计算往返高差

测计算每一段的往返高差，并检查是否符合精度要求，超限重测，若符合精度要求，则计算往返平均高差作为测段高差。

【步骤 5】 检验

计算闭合差，如果超限需重测（表 2.24）。

表 2.24　　　　　　　　**三角测量测量记录手簿**

班级 水文地质 2101　　组号 第 3 组　　观测者 ×××　　记录者 ×××

仪器型号 GPT-3000LNC　　日期 2022 年 3 月 5 日　　天气 晴

测段	往返	斜距/m	垂直角	仪器高/m	棱镜高/m	高差/m	高差平均值/m
A—B	往	144.5133	−1°56′54″	1.387	1.373	−4.8998	−4.900
	返	144.5121	1°56′28″	1.480	1.475	4.9005	
A—C	往	185.4011	−8°22′21″	1.495	1.530	26.9610	26.959
	返	185.3618	8°17′18″	1.365	1.602	−26.9579	

注意事项：

尽量提高视线高度，以削弱地面折光的影响，从而提高测量精度。

2.3　任务评价反馈

考核标准见表 2.25。

表 2.25　　**考核标准表**

<table>
<tr><td colspan="2">班级</td><td colspan="2"></td><td>姓名</td><td colspan="2"></td></tr>
<tr><td colspan="2">所在小组</td><td colspan="2"></td><td>学号</td><td colspan="2"></td></tr>
<tr><td colspan="2">小组成员</td><td colspan="5"></td></tr>
<tr><td colspan="2">任务名称</td><td colspan="5"></td></tr>
<tr><td rowspan="2">评价项目</td><td rowspan="2">评价内容</td><td colspan="4">评价方式</td><td rowspan="2">备注</td></tr>
<tr><td>学生自评</td><td>小组评价</td><td>教师评价</td><td>技能考核</td></tr>
<tr><td rowspan="5">职业素养</td><td>1. 出勤情况</td><td></td><td></td><td></td><td rowspan="15"></td><td rowspan="15">考核等级：
优、良、中、
及格、差
评价权重：
学生自评 0.2；
小组评价 0.3；
技能考核 0.3；
教师评价 0.2</td></tr>
<tr><td>2. 工作态度</td><td></td><td></td><td></td></tr>
<tr><td>3. 爱护仪器工具</td><td></td><td></td><td></td></tr>
<tr><td>4. 遵守制度</td><td></td><td></td><td></td></tr>
<tr><td>5. 吃苦耐劳</td><td></td><td></td><td></td></tr>
<tr><td rowspan="6">专业能力</td><td>6. 资料的收集与利用情况</td><td></td><td></td><td></td></tr>
<tr><td>7. 作业方案的合理性</td><td></td><td></td><td></td></tr>
<tr><td>8. 操作的正确性</td><td></td><td></td><td></td></tr>
<tr><td>9. 团队成果质量</td><td></td><td></td><td></td></tr>
<tr><td>10. 履行职责情况</td><td></td><td></td><td></td></tr>
<tr><td>11. 提交资料及时、齐全</td><td></td><td></td><td></td></tr>
<tr><td rowspan="4">协同创新能力</td><td>12. 沟通与交流</td><td></td><td></td><td></td></tr>
<tr><td>13. 对作业依据的把握</td><td></td><td></td><td></td></tr>
<tr><td>14. 作业计划的合理性</td><td></td><td></td><td></td></tr>
<tr><td>15. 作业效率</td><td></td><td></td><td></td></tr>
<tr><td colspan="2">综合评价</td><td></td><td></td><td></td><td></td><td></td></tr>
</table>

任务 3　1∶1000 地形图测绘

子任务 1　全站仪数据采集

1. 任务说明（表 2.26）

控制点坐标如下：

KZ01：x＝53438.218m，y＝47061.985m，H＝75.64m；

KZ02：x＝52638.218m，y＝47061.985m，H＝75.95m；

KZ03：x＝52636.325m，y＝47562.228m，H＝76.28m。

表 2.26　　任　务　说　明

(1) 任务要求	根据全站仪导线测量成果（图 2.29），利用全站仪完成实训楼区域地物和地形特征点的数据采集，并将数据传输到计算机
(2) 技术要求	对中误差不超过 2mm；整平误差不超过 1 格；定向误差平面应不超过 3cm，高程不超过 5cm
(3) 工作步骤	①仪器架设在已知控制点上，对中、整平。 ②参数设置。 ③新建文件。 ④测站设置。 ⑤后视设置。 ⑥后视检核。 ⑦测量碎部点的坐标。 ⑧数据传输到计算机
(4) 仪器与工具	每组全站仪 1 台、三脚架 1 个、小钢尺 1 把、对中杆 1 套、棱镜 1 套
(5) 需提交成果	绘制草图 1 份

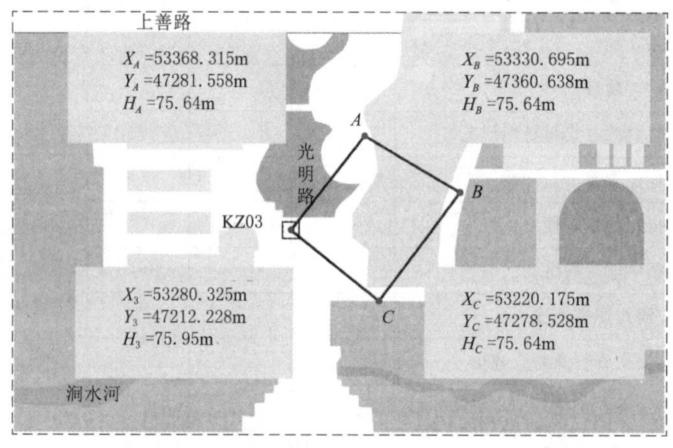

图 2.29　已知控制点和导线点分布示意图

2. 任务学习与实施

2.1　任务引导学习（表 2.27）

表 2.27　　任务引导学习

概念	定　义
地形图	按一定的程序和专门的投影方法，运用测绘成果编制的，用符号、注记、等高线等表示地物、地貌及其他地理要素的平面位置和高程的正射投影图
地形图测绘	以测量控制点为依据，按一定的步骤和方法将地物和地貌测定在图纸上，并用规定的比例尺和符号绘制成图。 野外数据采集为保证精度需求，常采用全站仪坐标测量功能获取数据
地形图的比例尺	地形图上一段直线的长度与地面上相应线段的实际水平距离之比
数字比例尺	用分子为 1 的分数式来表示的比例尺。例如图中某一线段长度为 d，相应实地的水平距离为 D，则比例尺＝1∶M。 式中 M 称为比例尺分母，表示缩小的倍数。M 越小，比例尺越大，图上表示的地物地貌越详尽。不同比例尺的地形图一般有不同的用途（表 2.28）

续表

概念	定　义
比例尺精度	图上0.1mm所表示的实地水平距离，即0.1mm×M。通常认为人们用肉眼在图上分辨的最小距离是0.1mm，因此在图上量度或者实地测图描绘时，就只能达到图上0.1mm的精确性。 比例尺越大，其比例尺精度也越高。工程上常用的几种大比例尺地形图的比例尺精度见表2.29
碎部点	测绘地形图时，地物和地貌特征点。正确选择碎部点是保证测图质量和提高效率的关键。 （1）地物特征点的选择。地物特征点主要是地物轮廓的转折点（如房屋的房角、围墙的转折点），道路、河岸线的转弯点、交叉点等。连接这些特征点，便可得到与实地相似的地物形状。一般情况下，主要地物凹凸部分在图上大于0.4mm时均应表示出来。 （2）地貌特征点的选择。地貌特征点应选在最能反映地貌特征的山脊线、山谷线等地性线上，如山顶、鞍部、山脊和山谷的地形变换处、山坡倾斜变换处和山脚地形变换的地方

表2.28　　不同比例尺的地形图及用途

序号	类型	比例尺	用　途
1	大比例尺	1∶500、1∶1000	各种工程建设的技术设计、施工设计和工业企业的详细规划
		1∶2000	城市详细规划及工程项目初步设计
		1∶5000、1∶1万	国民经济建设部门总体规划、设计以及编制更小比例尺地形图
2	中比例尺	1∶10万、1∶5万、1∶2.5万	国家基本比例尺地形图
3	小比例尺	1∶100万、1∶50万和1∶25万	

表2.29　　比例尺精度

比例尺	1∶500	1∶1000	1∶2000	1∶5000
比例尺精度/m	0.05	0.1	0.2	0.5

2.2　任务计划实施

【步骤1】 在任一控制点安置全站仪，对中、整平

对中、整平方法和要求见项目1任务2子任务1全站仪的认识和使用。

【步骤2】 参数设置

参数设置见项目1任务3子任务1全站仪坐标测量。

【步骤3】 新建文件

按下M菜单键，仪器进入主菜单模式，如图2.30所示。

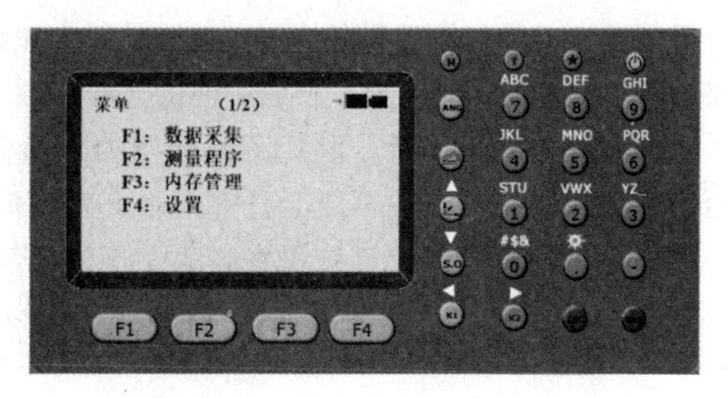

图2.30　主菜单界面

【步骤4】 测站设置

参数设置见项目1任务3子任务1全站仪坐标测量。

【步骤5】 后视设置

参数设置见项目1任务3子任务1全站仪坐标测量。

【步骤6】 后视检核

参数设置见项目1任务3子任务1全站仪坐标测量。

【步骤7】 测量待测点的坐标

参数设置见项目1任务3子任务1全站仪坐标测量，全站仪测点的同时，绘图员应跟随立镜员实地绘制草图。

【步骤8】 数据传输至计算机

目前，多数全站仪均支持内存卡及USB数据传输，下面以南方NTS-330全站仪为例介绍数据传输。首先安装南方数据传输软件，安装完毕后，用数据线将南方全站仪和电脑连接起来，然后按照以下步骤操作即可实现数据传输与管理了。

(1) 在全站仪的存储目录下，查找所需测量数据文件并将其复制到电脑中，数据文件格式是RAW。

(2) 打开南方数据传输软件，移动鼠标至“USB操作/打开内存格式文件/打开 * RAW (测量数据文件)”，如图2.31 (a) 所示。点击确认，在弹出的对话框中可以选择上一步骤传输到计算机的测量数据文件。点击打开，即可看到测量数据，如图2.31 (b) 所示。

(3) 移动鼠标至“测量数据/测量数据—坐标数据（点名，编码，N，E，Z）”，如图2.31 (b) 所示。转换成TXT文件，再经Excel转成CASS支持的DAT格式，如图2.31 (c) 所示。

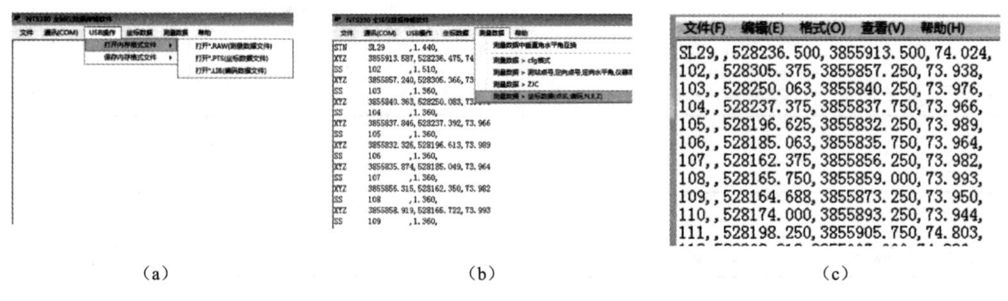

图2.31 南方NTS-330全站仪数据传输

绘制草图填入表2.30。

注意事项：

(1) 作业过程中和作业结束前，应对定向进行检查。

(2) 野外数据采集时，测站与测点两处作业人员必须时时联络，距离较远时，可使用对讲机等通信工具。每观测完一点，观测员要告知绘草图者被测点的点号，以便及时对照全站仪内存中记录的点号与绘草图者标注的点号一致。若两者不一致，应查找原因，及时更正。

(3) 在野外采集时，能观测到的点要尽量测，实在测不到的点可利用皮尺或钢尺量距，将丈量结果记录在草图上，室内用交互编辑方法成图。

(4) 全站仪测图，可按图幅施测，也可分区施测。按图幅施测时，每幅图测出图廓外5mm；分区施测时，应测出区域界限外图上5mm。

2.3 任务评价反馈

考核标准见表2.31。

表2.30　　　　绘制草图

班级　水文地质2102　　组号　第1组　　观测者　×××　　记录者　×××

仪器型号　GPT-3000LNC　　日期　2021年4月3日　　天气　多云

草图：

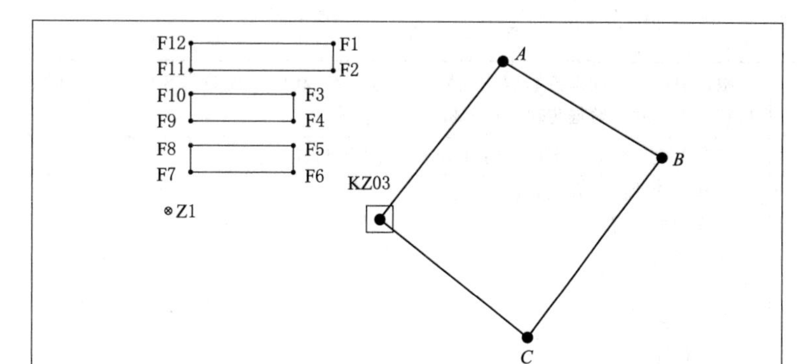

表2.31　　　　考核标准表

<table>
<tr><td>班级</td><td colspan="3"></td><td colspan="2">姓名</td><td></td></tr>
<tr><td>所在小组</td><td colspan="3"></td><td colspan="2">学号</td><td></td></tr>
<tr><td>小组成员</td><td colspan="6"></td></tr>
<tr><td>任务名称</td><td colspan="6"></td></tr>
<tr><td rowspan="2">评价项目</td><td rowspan="2">评价内容</td><td colspan="4">评价方式</td><td rowspan="2">备注</td></tr>
<tr><td>学生自评</td><td>小组评价</td><td>教师评价</td><td>技能考核</td></tr>
<tr><td rowspan="5">职业素养</td><td>1. 出勤情况</td><td></td><td></td><td></td><td rowspan="15"></td><td rowspan="15">考核等级：
优、良、中、
及格、差
评价权重：
学生自评0.2；
小组评价0.3；
技能考核0.3；
教师评价0.2</td></tr>
<tr><td>2. 工作态度</td><td></td><td></td><td></td></tr>
<tr><td>3. 爱护仪器工具</td><td></td><td></td><td></td></tr>
<tr><td>4. 遵守制度</td><td></td><td></td><td></td></tr>
<tr><td>5. 吃苦耐劳</td><td></td><td></td><td></td></tr>
<tr><td rowspan="6">专业能力</td><td>6. 资料的收集与利用情况</td><td></td><td></td><td></td></tr>
<tr><td>7. 作业方案的合理性</td><td></td><td></td><td></td></tr>
<tr><td>8. 操作的正确性</td><td></td><td></td><td></td></tr>
<tr><td>9. 团队成果质量</td><td></td><td></td><td></td></tr>
<tr><td>10. 履行职责情况</td><td></td><td></td><td></td></tr>
<tr><td>11. 提交资料及时、齐全</td><td></td><td></td><td></td></tr>
<tr><td rowspan="4">协同创新能力</td><td>12. 沟通与交流</td><td></td><td></td><td></td></tr>
<tr><td>13. 对作业依据的把握</td><td></td><td></td><td></td></tr>
<tr><td>14. 作业计划的合理性</td><td></td><td></td><td></td></tr>
<tr><td>15. 作业效率</td><td></td><td></td><td></td></tr>
<tr><td colspan="2">综合评价</td><td></td><td></td><td></td><td></td><td></td></tr>
</table>

子任务2　GNSS-RTK数据采集

1. 任务说明（表2.32）

表2.32　任务说明

（1）任务要求	根据卫星定位动态控制测量成果（图2.32），利用传统GNSS-RTK采集测区的地物和地形特征点，并将数据传输到计算机
（2）技术要求	控制点检核误差平面应不超过5cm，高程不超过7cm
（3）工作步骤	①基准站的架设和设置。 ②移动站设置。 ③新建项目。 ④参数计算。 ⑤数据采集。 ⑥数据导出
（4）仪器与工具	GNSS接收机2台、三脚架2个、小钢尺1把、对中杆1套、手簿1个、电源1台
（5）需提交成果	绘制草图1份

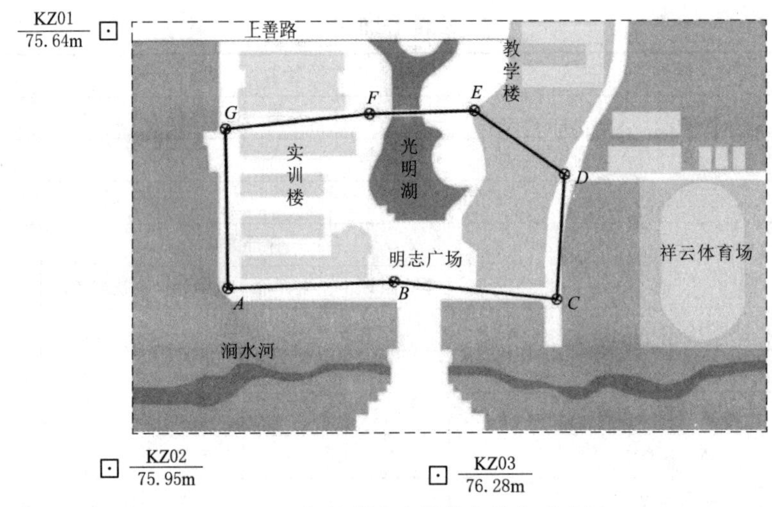

图2.32　已知控制点和导线点分布示意图

2. 任务学习与实施

2.1　任务引导学习

RTK地形测量主要技术要求见表2.33。

表2.33　RTK地形测量主要技术要求表

等级	图上点位中误差/mm	高程中误差	与基准站的距离/km	观测次数	起算点等级
图根点	≤±0.1	≤1/10等高距	≤7	≥2	平面三级、高程等外以上
碎部点	≤±0.5	符合相应比例尺成图要求	≤10	≥1	平面图根、高程等外以上

注　1. 点位中误差指控制点相对于最近基准点的误差。
2. 用网络RTK测量可不受流动站到基准站间距离的限制，但宜在网络覆盖的有效服务范围内。

2.2　任务计划实施

【步骤 1】　基准站安置与设置

同项目 1 任务 3 子任务 2GNSS-RTK 坐标测量。

【步骤 2】　移动站的设置

同项目 1 任务 3 子任务 2GNSS-RTK 坐标测量。

【步骤 3】　新建项目

同项目 1 任务 3 子任务 2GNSS-RTK 坐标测量。

【步骤 4】　参数计算

同项目 1 任务 3 子任务 2GNSS-RTK 坐标测量。

【步骤 5】　数据采集

启动手簿桌面上的“Hi-RTK 道路版”软件。在软件主界面点击“测量”进入“碎部测量”界面，将对中杆放在指定的待测点上，对中整平，在得到固定解且收敛稳定后，点击手簿界面右下角小旗子图标按钮（或者按住手簿“Ent”键）采集坐标，输入点名、仪器高，点击“保存”（或再按一次手簿“Ent”键）完成第一个点的坐标采集。采集点的同时，绘图员应跟随立镜员实地绘制草图。

【步骤 6】　数据导出

本次仅介绍利用手机 SD 卡进行数据传输过程。

如图 2.33 所示，进入“项目”主界面，选择数据交换。根据需要选择导出数据格式，选择 SD 卡点击“确定”即可完成导出。如果对给定坐标导出格式不满意，可选择自定义格式进行导出。绘制草图填入表 2.34。

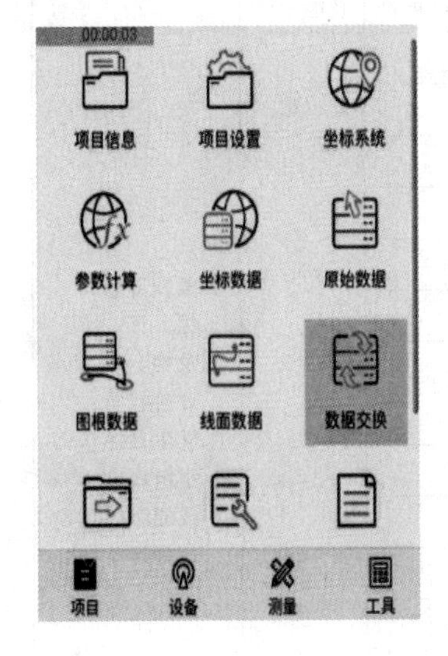

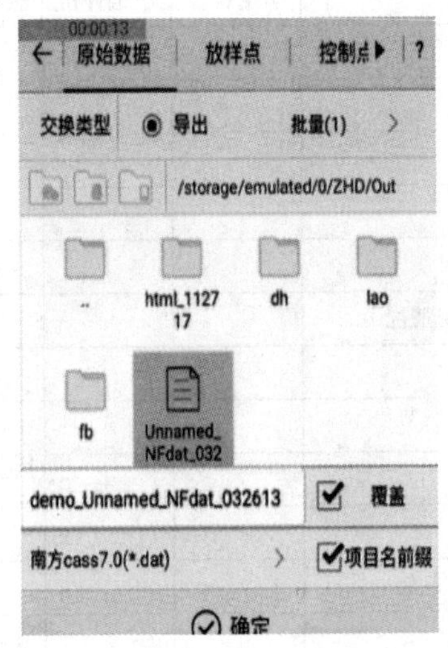

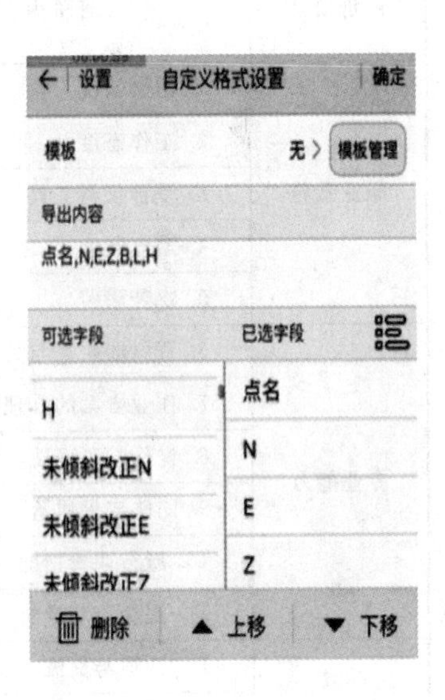

图 2.33　中海达 Hi－RTK 数据传输

2.3　任务评价反馈

考核标准见表 2.35。

表 2.34　　　　　　　　　　　　**绘 制 草 图**

班级 水文地质2101　　　组号 第4组　　　观测者 ×××　　记录者 ×××

仪器型号 Hi-Survey iRTK2　　日期 2022年4月23日　　天气 阴

草图：

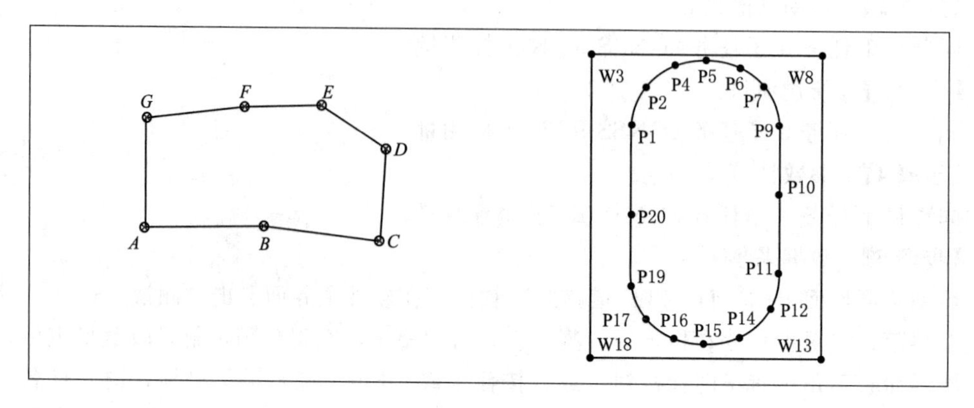

表 2.35　　　　　　　　　　　　**考 核 标 准 表**

班级			姓名			
所在小组			学号			
小组成员						
任务名称						
评价项目	评价内容	评价方式				备注
		学生自评	小组评价	教师评价	技能考核	
职业素养	1. 出勤情况					考核等级：优、良、中、及格、差 评价权重：学生自评 0.2；小组评价 0.3；技能考核 0.3；教师评价 0.2
	2. 工作态度					
	3. 爱护仪器工具					
	4. 遵守制度					
	5. 吃苦耐劳					
专业能力	6. 资料的收集与利用情况					
	7. 作业方案的合理性					
	8. 操作的正确性					
	9. 团队成果质量					
	10. 履行职责情况					
	11. 提交资料及时、齐全					
协同创新能力	12. 沟通与交流					
	13. 对作业依据的把握					
	14. 作业计划的合理性					
	15. 作业效率					
综合评价						

子任务 3　南方 CASS 内业成图

1. 任务说明（表 2.36）

表 2.36　　任　务　说　明

(1) 任务要求	根据全站仪和 GNSS-RTK 测量数据，结合绘制的草图，利用南方 CASS 软件完成地形图绘制
(2) 技术要求	具体要求参见《国家基本比例尺地图图式　第 1 部分：1∶500　1∶1000　1∶2000 地形图图式》(GB/T 20257.1—2017)
(3) 工作步骤	①定比例尺，展野外测点点号。 ②绘制平面图。 ③绘制等高线。 ④地形图的修饰
(4) 仪器与工具	计算机，南方 CASS 软件
(5) 需提交成果	数字地形图 1 份

2. 任务学习与实施

2.1　任务引导学习

CASS7.0 操作界面简介：

CASS7.0 的操作界面主要分为以下几个部分：顶部下拉菜单栏、右侧屏幕菜单栏、命令栏、状态栏和工具栏等，如图 2.34 所示。每个菜单均以对话框或命令行提示的方式与用户交互作答，操作灵活方便。

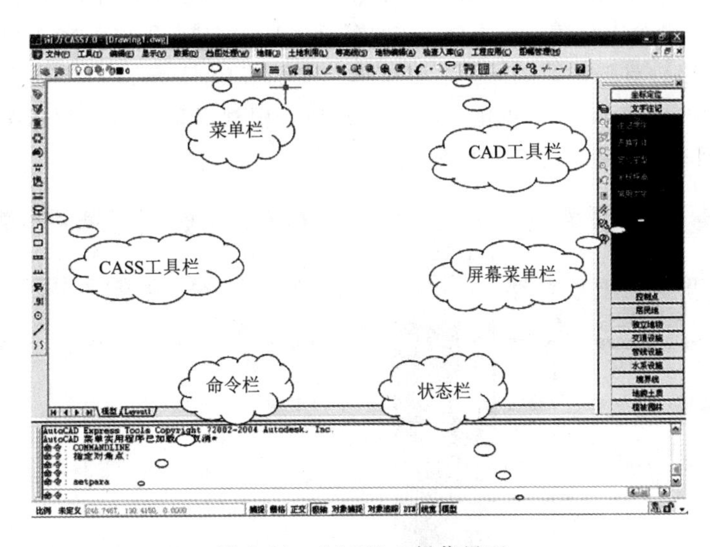

图 2.34　CASS7.0 操作界面

2.2　任务计划实施

【步骤 1】　定比例尺，展野外测点点号

定比例尺的作用是 CASS7.0 根据输入的比例尺调整图形实体，具体为修改符号和文字的大小、线型的比例，并且会根据骨架线重构复杂实体。

首先移动鼠标至“绘图处理”项，按左键，即出现图 2.35（a）下拉菜单。然后选择

改变当前图形比例尺（默认为 1∶500，根据需要输入相应的数值），即完成比例尺设置。随后，选择“展野外测点点号”，便可以将碎部点展到屏幕上［图 2.35（b）］。

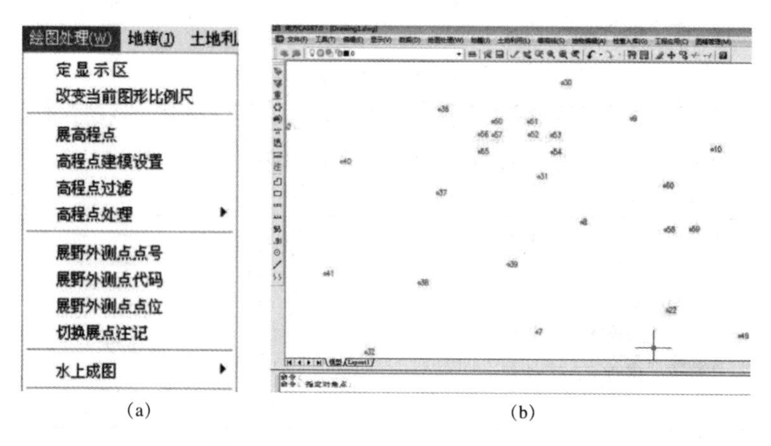

(a)　　(b)

图 2.35　绘图处理菜单及展碎部点

【步骤 2】　绘制平面图

根据野外作业时绘制的草图，移动鼠标至屏幕右侧菜单区选择相应的地形图图式符号，然后在屏幕中将所有的地物绘制出来。

(1) 绘制一般房屋，首先移动鼠标至右侧菜单“居民点/一般房屋”，然后在弹出对话框中选择“四点房屋”，根据屏幕下方命令提示选择“三点房屋”，回车依次分别捕捉 60、58、59 号点，最后输入命令中 G 隔一点闭合，按回车键结束，完成一般房屋绘制［图 2.36（a）］。

(2) 绘制小路。首先移动鼠标至右侧菜单“交通设施/其他道路”处按左键，然后在弹出的对话框中选择“小路”，单击“确定”按钮，根据屏幕下方的提示分别捕捉 5、6、7、8 号点，按回车键结束，完成小路绘制［图 2.36（b）］。

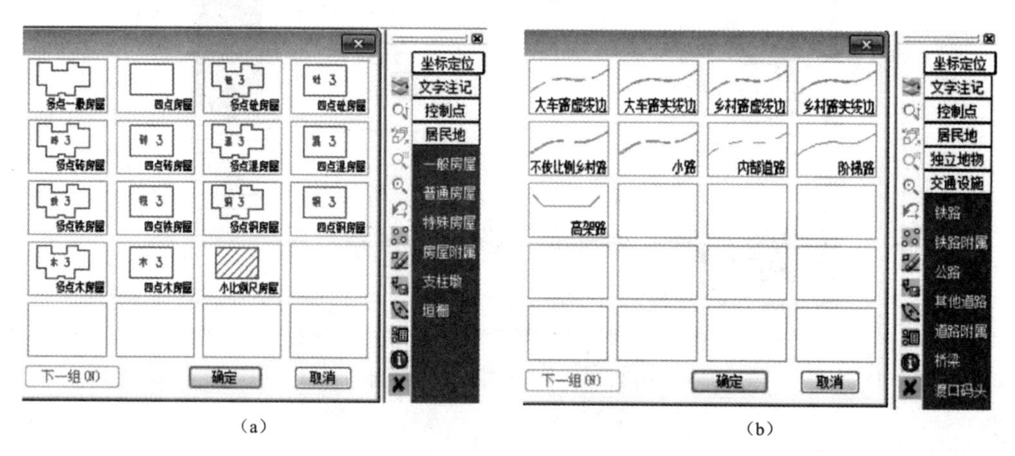

(a)　　(b)

图 2.36　一般房屋与小路绘制对话框

绘制结果如图 2.37 所示。

【步骤 3】　等高线绘制

在绘制等高线之前，必须先将野外测得高程点建立数字地面模型（DTM），然后在数

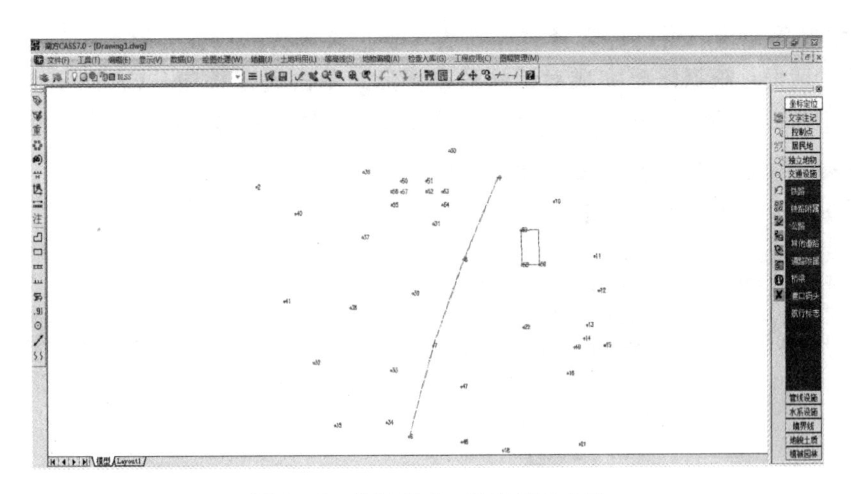

图 2.37　绘制完成一般房屋和小路

字地面模型上生成等高线。下文以 CASS 自带的坐标数据文件"C：\ CASS7.0 \ DEMO \ DGX.DAT"为例，介绍等高线的绘制过程。

(1) 移动鼠标至屏幕顶部菜单"等高线"项，选择"建立 DTM"，出现如图 2.38 所示对话框。

建立 DTM 的方式分为两种：由数据文件生成或图面高程点生成。如果选择由数据文件生成，则在坐标文件中选择高程数据文件；如果选择图面高程点生成，则可直接选择图面高程点。然后选择结果显示，分为三种：显示建三角网结果、显示建三角网过程、不显示三角网。最后选择在建立 DTM 的过程中是否考虑陡坎和地性线。点击确定后生成如图 2.39 所示的三角网。

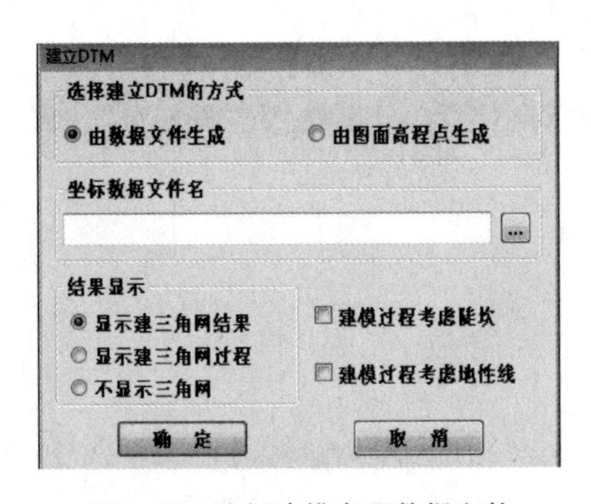

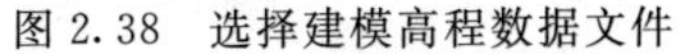
图 2.38　选择建模高程数据文件

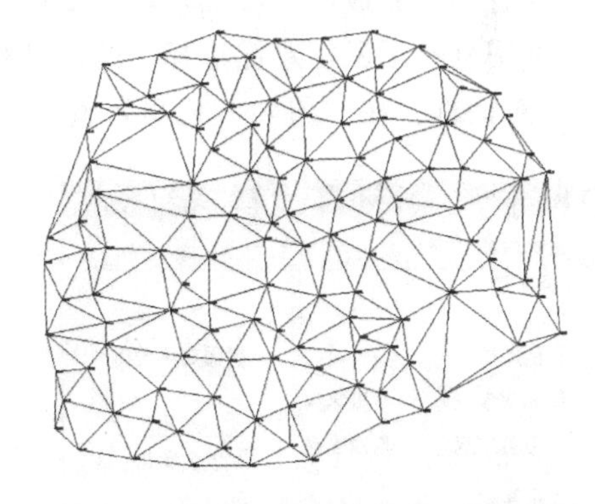

图 2.39　用 DGX.DAT 数据建立的三角网

(2) 修改数字地面模型（修改三角网）。由于现实地貌的多样性和复杂性，自动构成的数字地面模型往往与实际地貌不一致，这时可以通过修改三角网来修改这些局部不合理的地方。

CASS 软件提供的修改三角网的功能有：删除三角形、增加三角形、过滤三角形、三角形内插点、删三角形顶点、重组三角形、删三角网、修改结果存盘等，根据具体情况对三角网进行修改，并将修改结果存盘。

(3) 绘制等高线。用鼠标选择“等高线”下拉菜单的“绘制等高线”项，弹出如图 2.40 所示对话框。根据需要完成对话框的设置后，单击确定按钮，CASS 开始自动绘制等高线，如图 2.41 所示。最后在等高线“等高线”下拉菜单中选择“删三角网”。

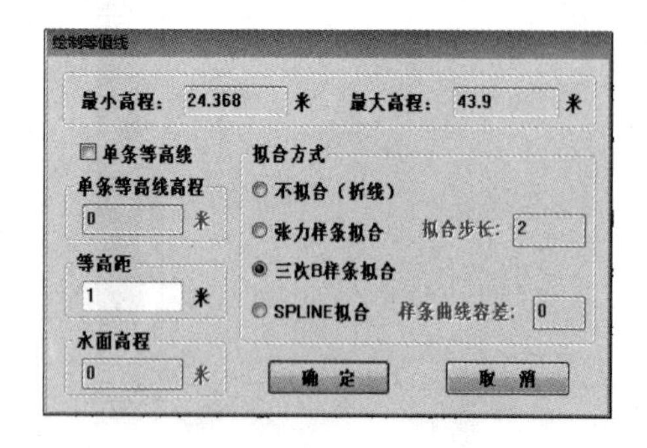

图 2.40　绘制等高线对话框

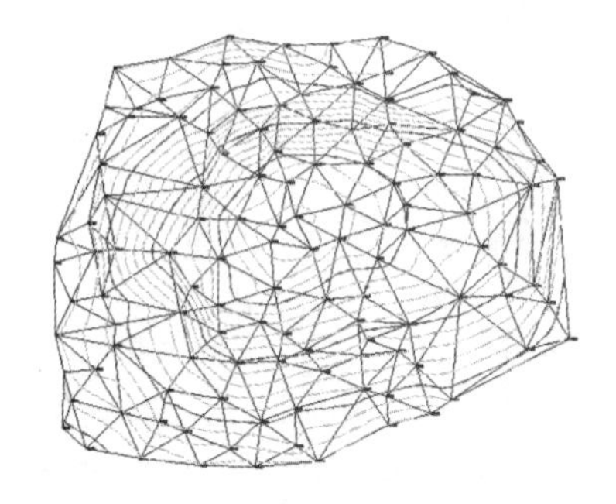

图 2.41　CASS 软件绘制的等高线

(4) 等高线的修饰。CASS 软件提供了一下等高线的修饰功能：注记等高线，等高线修剪，切除指定两线间等高线，切除指定区域内等高线等。利用这些功能，可以给等高线注记、切除穿注记和建筑物的等高线。

【步骤 4】 地形图的整饰

下文以 CASS 自带的坐标数据文件“C:\CASS7.0\DEMO\STUDY.DAT”为例，介绍常用的添加注记和图框的方法。

(1) 添加注记。首先用鼠标左键选择右侧屏幕菜单的“文字注记”项，在弹出的菜单中选择“文字注记”下“通用注记”项，弹出如图 2.42 (a) 所示的对话框。在注记内容中输入“经纬路”并选择注记排列和注记类型，输入文字大小后点击确认，然后再点击所需注记的位置即可完成注记添加，如图 2.42 (b) 所示。

(2) 加图框。用鼠标左键选择“绘图处理”菜单下的“标准图幅（50×40）”，弹出如图 2.43 对话框。在“图名”栏里，输入“大刘小学”；分别输入“测量员”“绘图员”

(a)

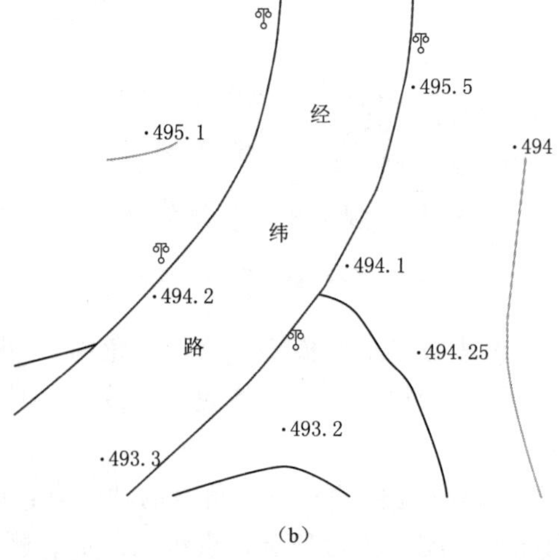

(b)

图 2.42　文字注记

“检查员”各栏的内容；在“左下角坐标”的“东”“北”栏填入相应的数值；在“删除图框外实体”栏打钩，然后按确认。

图 2.43　图幅整饰对话框

2.3　任务评价反馈

考核标准见表 2.37。

表 2.37　　考核标准表

班级			姓名			
所在小组			学号			
小组成员						
任务名称						
评价项目	评价内容	评价方式				备注
		学生自评	小组评价	教师评价	技能考核	
职业素养	1. 出勤情况					考核等级： 优、良、中、 及格、差 评价权重： 学生自评 0.2； 小组评价 0.3； 技能考核 0.3； 教师评价 0.2
	2. 工作态度					
	3. 爱护仪器工具					
	4. 遵守制度					
	5. 吃苦耐劳					
专业能力	6. 资料的收集与利用情况					
	7. 作业方案的合理性					
	8. 操作的正确性					
	9. 团队成果质量					
	10. 履行职责情况					
	11. 提交资料及时、齐全					
协同创新能力	12. 沟通与交流					
	13. 对作业依据的把握					
	14. 作业计划的合理性					
	15. 作业效率					
综　合　评　价						

3. 任务拓展信息

根据所给野外测量点数据（微信扫码获取），完成区域范围内地形图绘制。

微信扫码获取

项目3　施工测量基本工作

通过本项目的学习学生能够完成已知高程的测设、已知坐标的测设和圆曲线的测设。本项目共设置 3 个任务，分别为已知高程的测设、已知坐标的测设、圆曲线的测设。

1. 项目概况

在某测量实训场完成高程测量、角度测量、距离测量和坐标测量实训，实训场已有控制点 3 个 KZ01、KZ02、KZ03，1 个水准点 BM_A，高程为 76.15m（图 3.1）。

控制点坐标如下：

KZ01：x=53438.218m，y=47061.985m，H=75.64m；

KZ02：x=52638.218m，y=47061.985m，H=75.95m；

KZ03：x=52636.325m，y=47562.228m，H=76.28m。

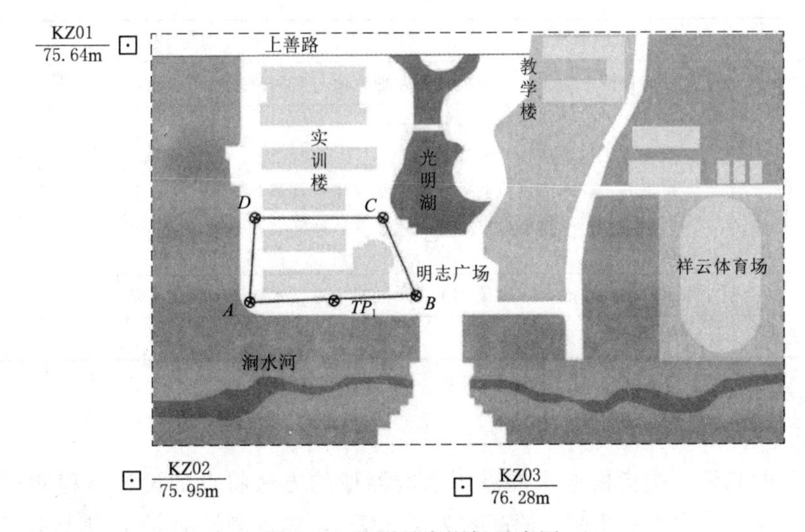

图 3.1　某测量实训场示意图

2. 内容

表 3.1　　实训内容及目标

学习任务	子任务	任务简介	课程思政元素	育人目标
任务 1　已知高程的测设		掌握已知高程测设方法、步骤及技术要点	合作意识、严肃认真、精益求精	1. 增强学生团队协作，强调养成良好习惯的重要性。 2. 培养工匠精神的工作习惯

续表

学习任务	子任务	任务简介	课程思政元素	育人目标
任务2　已知坐标的测设	子任务1　全站仪坐标放样	掌握全站仪坐标放样的方法、步骤及技术要点	行业规范、团队协作、劳动精神	1. 增强学生守成创新的使命担当。 2. 培养学生吃苦耐劳的劳动精神
	子任务2　GNSS-RTK坐标放样	掌握GNSS-RTK野外数据采集的方法、步骤及技术要点	爱国情怀、北斗精神、创新意识	1. 增强学生家国情怀和使命担当。 2. 培养学生创新意识
任务3 圆曲线的测设		掌握圆曲线的方法、步骤及技术要点	严肃认真、精益求精、创新意识	1. 增强学生家国情怀和使命担当。 2. 培养学生工匠精神的工作习惯

任务1　已知高程的测设

1. 任务说明（表3.2）

表3.2　　任　务　说　明

(1) 任务要求	已知A点的高程为72.155m，需测设B、C点高程分别为72.527m、72.386m
(2) 技术要求	放样高程精度为1cm，即检核高差理论值与实测值之差小于±1cm
(3) 工作步骤	①在A、B两点的中间安置仪器。 ②后视A，读取后视中丝读数a。 ③根据A、B两点理论高差计算前视尺中丝读数b。 ④前视B，通过移动木桩或尺子使前视尺读数等于b，尺子底部即为设计高程。 ⑤检核
(4) 仪器与工具	每组水准仪1台、三脚架1个、水准尺1对、木桩1个、记号笔1个
(5) 需提交成果	已知高程放样记录手簿1份

2. 任务学习与实施

2.1　任务引导学习

已知高程的测设：是指根据水准点用水准测量的方法将点的设计高程测设到实地上去。如图3.2所示，水准点BM_{50}的高程为7.327m，现欲测设A点，使其等于设计高程5.513m，可将水准仪安置在水准点BM_{50}与A点的中间，后视BM_{50}，得读数为0.874m，则视线高程为

$$H_i=H_{BM_{50}}+0.874=7.327+0.874=8.201\ (\text{m})$$

要使A点桩顶的高程等于5.513m，则竖立在桩顶的尺上读数应为

$$b=H_i-H_A=8.201-5.513=2.688$$

此时，逐渐将木桩打入土中，使立在桩顶的尺上读数逐渐增加到b，这样在A点桩顶就标出了设计高程。也可将水准尺沿木桩的侧面上下移动，直至尺上读数为2.688m为止，此时沿水准尺的零刻划线在桩的侧面绘一条红线，其高程即为A点的设计高程。

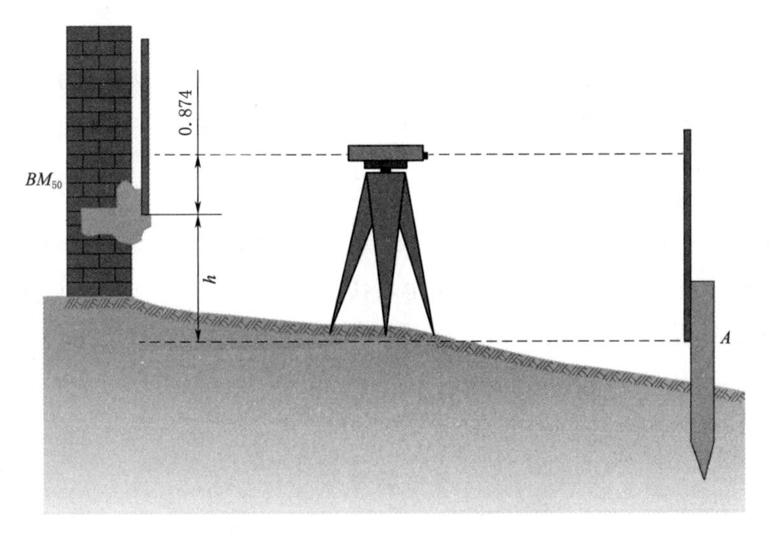

图3.2　点的高程测设

2.2　任务计划实施

【步骤1】　水准仪的安置

在 A、B 两点的中间安置水准仪，整平仪器。

【步骤2】　读取后视读数

后视 A，读取后视中丝读数 a。

【步骤3】　计算前视尺读数

根据 A、B 两点理论高差计算前视尺中丝读数 b，$b=H_A+a-H_B$，计算过程填入表3.3中放样元素计算。

【步骤4】　使前视尺读数等于 b

逐渐打入木桩或移动尺子使前视尺读数等于 b，尺子底部即为设计高程，用记号笔在侧面绘一红线；同样的方法测设 C 点。

表3.3　　已知高程放样记录手簿

班级＿＿＿＿　组号＿＿＿＿　观测者＿＿＿＿　记录者＿＿＿＿

仪器型号＿＿＿＿　日期＿＿＿＿　测量时间＿＿＿＿

已知点高程/m	A	72.155	放样点设计高程/m	B	72.386
				C	72.527

放样元素计算：

后视 A 中丝读数 $a=1311$

视线高 $H_i=H_A+a=72.155+1.311=73.466$（m）。

根据 A、B 两点理论高差计算前视尺中丝读数 b，$b=H_i-H_B=73.466-72.386=1.080$（m）。

根据 A、C 两点理论高差计算前视尺中丝读数 c，$c=H_i-H_C=73.466-72.527=0.939$（m）。

检核：

$H_B=H_A+h_{AB}=72.155+0.237=72.392$（m），与已知 $H_B=72.386$m 相差 6mm。

$H_C=H_A+h_{AC}=72.155+0.376=72.531$（m），与已知 $H_C=72.527$m 相差 4mm

【步骤 5】 检核

将水准尺立于步骤4放样 B 点位置，利用测两点之间高差的方法计算 B 点高程，计算结果与已知 B 点高程比较。放样高程精度为 1cm，即检核高差理论值与实际值之差小于±1cm。

注意事项：

（1）测设过程中要注意仪器严格整平。

（2）按给定的数据，先计算出放样数据，然后进行测设。

（3）计算完毕和测设完毕后，都必须进行认真的校核。放样高程精度为 1cm，即检核高差理论值与实际值之差小于±1cm。

2.3 任务评价反馈

考核标准见表 3.4。

表 3.4　　考核标准表

班级			姓名			
所在小组			学号			
小组成员						
任务名称						
评价项目	评价内容	评价方式				备注
		学生自评	小组评价	教师评价	技能考核	
职业素养	1. 出勤情况					考核等级： 优、良、中、及格、差 评价权重： 学生自评 0.2； 小组评价 0.3； 技能考核 0.3； 教师评价 0.2
	2. 工作态度					
	3. 爱护仪器工具					
	4. 遵守制度					
	5. 吃苦耐劳					
专业能力	6. 资料的收集与利用情况					
	7. 作业方案的合理性					
	8. 操作的正确性					
	9. 团队成果质量					
	10. 履行职责情况					
	11. 提交资料及时、齐全					
协同创新能力	12. 沟通与交流					
	13. 对作业依据的把握					
	14. 作业计划的合理性					
	15. 作业效率					
综合评价						

3. 任务拓展信息

当测设的高程点与水准点之间的高差很大时，可以用悬挂的钢卷尺来代替水准尺，以测设设计的高程。如图 3.3 所示，水准点 A 的高程是已知的，为了在深基坑内测设出所设计的高程 H_B，用悬挂的钢尺（零刻度在下面）代替一根水准尺（尺子下端挂一个重量相当于钢尺检定时拉力的重锤），在地面上和基坑内各放一次水准仪。设地面放仪器时对

A 点尺上的读数为 a_1，对钢尺的读数为 b_1、在基坑内放仪器时对钢尺读数为 a_2，则对 B 点尺上的应有读数为 b_2。由

$$H_B - H_A = h_{AB} = (a_1 - b_1) + (a_2 - b_2)$$

得

$$b_2 = H_A + a_1 - b_1 + a_2 - H_B$$

用逐渐打入木桩或在木桩上画线的方法，使立在 B 点的水准尺上读数为 b_2，这样就可以使 B 点的高程符合设计的要求。

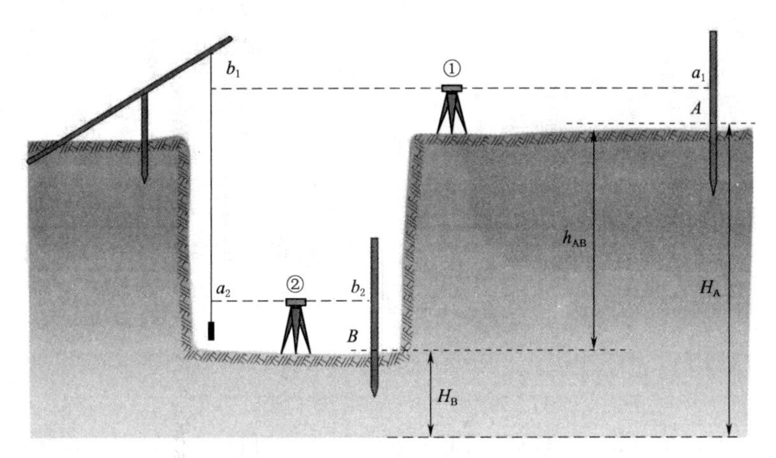

图 3.3　测设深基坑内的高程示意图

任务 2　已知坐标的测设

子任务 1　全站仪坐标放样

1. 任务说明（表 3.5）

表 3.5　　任　务　说　明

(1) 任务要求	根据已知控制点（图 3.4），利用全站仪在实地测设出某建筑物四个轴线交点的平面位置，并在实地标定
(2) 技术要求	①对中误差不超过 2mm，整平误差不超过 1 格，实地标定的点位清晰。 ②测量所测设四个点的水平距离和水平角进行检核，要求水平距离与设计值之差的相对误差不大于 1/3000，水平角与设计值之差不大于 30″
(3) 工作步骤	①仪器架设在已知控制点 B 上，对中、整平。 ②参数设置。 ③测站设置。 ④后视设置。 ⑤后视检核。 ⑥坐标放样。 ⑦检核
(4) 仪器与工具	每组全站仪 1 台、三脚架 1 个、小钢尺 1 把、对中杆 1 套、棱镜 1 套、木桩 4 个、小钉 4 个、斧头 1 把
(5) 需提交成果	坐标放样检核记录手簿 1 份

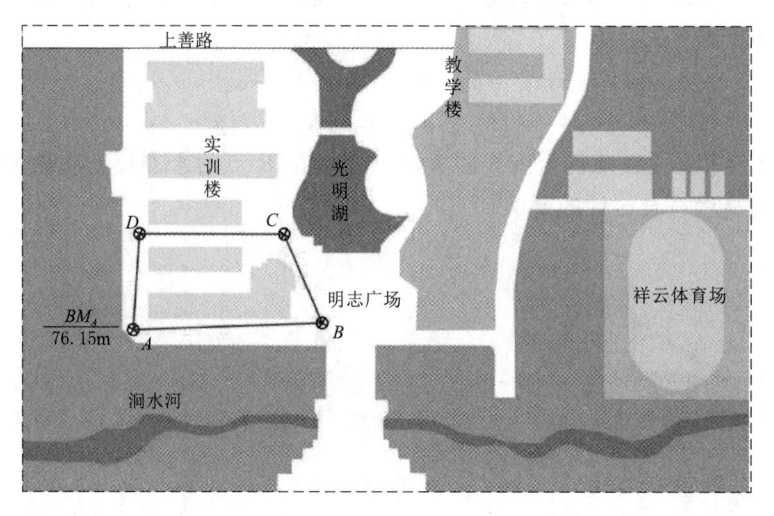

图 3.4　控制点分布示意图

控制点坐标如下：

A：x=52925.842m，y=47259.471，H=75.64m；

B：x=52930.401m，y=47537.747m，H=75.75m；

C：x=53055.761m，y=47483.004m，H=75.68m；

D：x=53060.320m，y=47268.595m，H=75.66m。

设计建筑物轴线交点的坐标：

P_1：x=53040m，y=47285m；

P_2：x=53005m，y=47285m；

P_3：x=53005m，y=47420m；

P_4：x=53040m，y=47420m。

2. 任务学习与实施

2.1　任务引导学习（表 3.6）

表 3.6　　**任务引导学习**

概念	定　义
施工放样	指把设计图纸上工程建筑物的平面位置和高程，用一定的测量仪器和方法测设到实地上去的测量工作
全站仪坐标放样	指将设计图纸上点的平面位置，通过极坐标的方法测设到实地上并标记出来
全站仪坐标放样的方法	如图 3.5 所示，把全站仪安置在 A 点，输入 A 点坐标；瞄准后视点 B，输入 B 点坐标或方位角进行定向并检核；然后，将待测设点 P 点的设计坐标输入全站仪，即可自动计算出测设数据：水平角 β 及水平距离 D_{AP}。测设水平角度 β，并在视线方向上调整棱镜位置，直至距离为 D_{AP}，即可得地面点 P

图 3.5　用全站仪测设点位示意图

2.2　任务计划实施

【步骤 1】　在任一控制点安置全站仪，对中、整平

对中、整平方法同项目 1 任务 3 子任务 1 全站仪坐标测量。

【步骤 2】　参数设置

参数设置同项目 1 任务 3 子任务 1 全站仪坐标测量

【步骤 3】　测站设置

按全站仪的菜单提示，由键盘输入 B 点信息，如点号、仪器高和坐标。

【步骤 4】　后视设置

按全站仪的菜单提示，由键盘输入后视点 C 的点号和坐标或直接输入后视方位角。

【步骤 5】　后视检核

用全站仪瞄准检核点 A，测量其坐标，并与该点已知信息进行比较。要求检核点的平面位置较差应不超过 3cm，高程不超过 5cm。若检核不超过限差，可进行下一步坐标放样，如不通过则不能进行坐标放样，需查明原因，重新定向，直到满足限差要求。

【步骤 6】　测设已知坐标

将待放样点 P_1 的设计坐标输入全站仪，即可自动计算出测设数据：水平角 β_1 及水平距离 D_{AP1}。在放样界面选择“角度”进行角度调整，转动全站仪将 d_{HR} 项参数调至 $0°0'00''$，并固定全站仪水平制动螺旋，然后指挥持棱镜者将棱镜立于全站仪正前方，调节全站仪垂直制动螺旋及垂直微动螺旋使全站仪十字丝居于棱镜中心，此时棱镜位于全站仪与放样点的连线上，接着进入距离调整模式，若 d_{HD} 值为负，则棱镜需向远离全站仪的方向走，反之向靠近全站仪的方向走，直至 d_{HD} 的值为零时棱镜所处的位置即为放样点，将该点标记，第一个放样点放样结束，然后进入下一个放样点的设置并进行放样，直至所有放样点放样结束。

【步骤 7】　检核

将全站仪分别安置在 P_1、P_2、P_3、P_4 点上，测量四个水平角和四个水平距离，也可以在 A 点上，利用全站仪程序测量中的“对边测量”功能测量四个点间的水平距离。如水平角和水平距离满足精度要求，则结束实训。否则，应重新放样。

表 3.7　　坐标放样检核记录手簿

班级＿＿＿＿＿＿　组号＿＿＿＿＿　观测者＿＿＿＿＿　记录者＿＿＿＿＿

仪器型号＿＿＿＿＿　日期＿＿＿＿＿　测量时间＿＿＿＿＿

平距	设计值/m	实测值/m	差值/m	相对误差	水平角	设计值 /(° ′ ″)	实测值 /(° ′ ″)	差值/(″)
P_1-P_2	35	34.95	−0.05	1/7000	$\angle P_1$	90 00 00	90 00 16	+16
P_2-P_3	135	134.92	−0.04	1/3375	$\angle P_2$	90 00 00	90 00 10	+10
P_3-P_4	35	35.06	+0.06	1/5833	$\angle P_3$	90 00 00	89 59 47	−13
P_4-P_1	135	135.12	+0.04	1/3375	$\angle P_4$	90 00 00	89 59 45	−15

2.3 任务评价反馈

考核标准见表3.8。

表 3.8　　考核标准表

班级				姓名		
所在小组				学号		
小组成员						
任务名称						
评价项目	评价内容	评价方式				备注
		学生自评	小组评价	教师评价	技能考核	
职业素养	1. 出勤情况					考核等级：优、良、中、及格、差 评价权重：学生自评0.2；小组评价0.3；技能考核0.3；教师评价0.2
	2. 工作态度					
	3. 爱护仪器工具					
	4. 遵守制度					
	5. 吃苦耐劳					
专业能力	6. 资料的收集与利用情况					
	7. 作业方案的合理性					
	8. 操作的正确性					
	9. 团队成果质量					
	10. 履行职责情况					
	11. 提交资料及时、齐全					
协同创新能力	12. 沟通与交流					
	13. 对作业依据的把握					
	14. 作业计划的合理性					
	15. 作业效率					
综合评价						

3. 任务拓展信息

放样检核测量水平角和水平距离参见项目1任务2角度和距离测量。

子任务2 GNSS-RTK坐标放样

1. 任务说明（表3.9）

表3.9 任 务 说 明

（1）任务要求	根据已知控制点（图3.6），利用GNSS-RTK在实地测设出某建筑物四个轴线交点的平面位置，并在实地标定
（2）技术要求	控制点检核误差平面应不超过3cm，高程不超过5cm；点位放样的精度不超过3cm
（3）工作步骤	①基准站的架设和设置。 ②移动站设置。 ③新建项目。 ④参数计算。 ⑤坐标放样。 ⑥检核
（4）仪器与工具	GNSS接收机2台、三脚架2个、小钢尺1把、对中杆1套、手簿1个、电源1台、木桩4个、小钉4个、斧头1把
（5）需提交成果	RTK坐标测量记录手簿1份

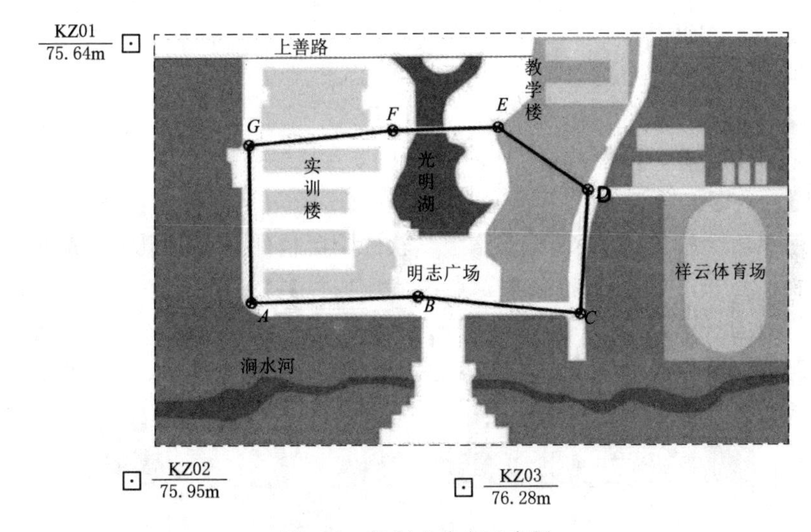

图3.6 控制点分布示意图

控制点坐标如下：

A：x＝52925.842m，y＝47259.471m，H＝76.15m；

B：x＝52930.401m，y＝47537.747m，H＝75.75m；

C：x＝52901.437m，y＝47816.42m，H＝75.69m；

D：x＝53107.328m，y＝47817.995m，H＝75.78m；

E：x＝53202.415m，y＝47670.148m，H＝75.62m；

F：x＝53205.558m，y＝47465.679m，H＝75.65m；

G：x＝53179.625m，y＝47247.840m，H＝75.70m。

设计建筑物轴线交点的坐标：

P_1：$x=53050\text{m}$，$y=47700\text{m}$；

P_2：$x=53005\text{m}$，$y=47700\text{m}$；

P_3：$x=53005\text{m}$，$y=47800\text{m}$；

P_4：$x=53050\text{m}$，$y=47800\text{m}$。

2. 任务学习与实施

2.1 任务引导学习

GNSS-RTK坐标放样：RTK手簿中的点放样功能，根据现场输入或预先上传文件中选择待放样点的坐标，仪器会计算出RTK流动站当前位置和目标位置的坐标差值，并提示方向，按提示方向前进，即将到达目的标点处时，屏幕出现一个圆圈，指示放样点和目标点的接近程度。精确移动流动站，使坐标差值小于放样精度要求时，钉木桩，然后精确投测小钉。

2.2 任务计划实施

【步骤1】 基准站安置与设置

步骤同项目1任务3坐标测量。

【步骤2】 移动站的设置

步骤同项目1任务3坐标测量。

【步骤3】 新建项目

步骤同项目1任务3坐标测量。

【步骤4】 参数计算

步骤同项目1任务3坐标测量。

【步骤5】 坐标放样

启动手簿桌面上的“Hi－RTK道路版”软件。在软件主界面点击“测量”进入“碎部测量”界面，点击左上角下拉菜单，点击【点放样】，弹出界面（图3.7），然后点击➡，输入放样点的坐标或点击【点库】从坐标库取点进行放样。坐标输入后界面显示向南、向西的距离，按照提示的距离找到待放样点，打上木桩或钉子。按照同样操作方法进入下一个待放样点。

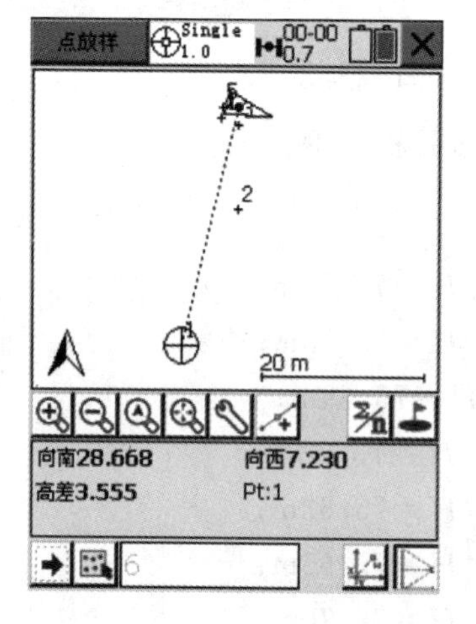

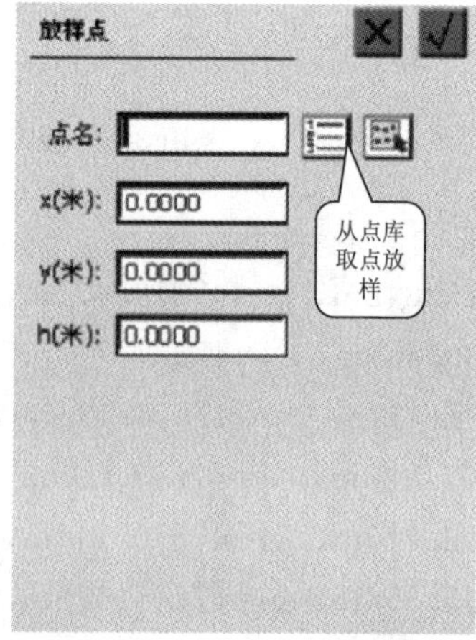

图3.7 点放样界面

【步骤 6】 检核

用 GNSS-RTK 坐标测量分别测量标记的 P_1、P_2、P_3、P_4，再与已知坐标相比较，点位平面精度应不超过 3cm，数据记入表 3.10。

表 3.10　　**RTK 坐标测量记录手簿**

班级__________　组号__________　观测者__________　记录者__________

仪器型号__________　日期__________　测量时间__________

点号	设计值/m		实测值/m		差值/m	
	X	Y	X	Y	ΔX	ΔY
P_1	53050	47700	53050.013	47700.008	0.013	0.008
P_2	53005	47700	53050.010	47700.014	0.010	0.014
P_3	53005	47800	53004.084	47800.009	−0.016	0.009
P_4	53050	47800	53049.085	47799.088	−0.015	−0.012

2.3 任务评价反馈

考核标准见表 3.11。

表 3.11　　**考 核 标 准 表**

班级				姓名		
所在小组				学号		
小组成员						
任务名称						
评价项目	评价内容	评价方式				备注
		学生自评	小组评价	教师评价	技能考核	
职业素养	1. 出勤情况					考核等级：优、良、中、及格、差 评价权重： 学生自评 0.2； 小组评价 0.3； 技能考核 0.3； 教师评价 0.2
	2. 工作态度					
	3. 爱护仪器工具					
	4. 遵守制度					
	5. 吃苦耐劳					
专业能力	6. 资料的收集与利用情况					
	7. 作业方案的合理性					
	8. 操作的正确性					
	9. 团队成果质量					
	10. 履行职责情况					
	11. 提交资料及时、齐全					
协同创新能力	12. 沟通与交流					
	13. 对作业依据的把握					
	14. 作业计划的合理性					
	15. 作业效率					
综合评价						

任务3 圆曲线的测设

1. 任务说明

表3.12 任务说明

(1) 任务要求	某渠道曲线第一切线上控制点 $ZD1$ (500, 500) 和 $JD1$ (750, 750), 该曲线设计半径 $R=1000\text{m}$, 缓和曲线长 $l_0=100\text{m}$, JD_1 里程为 DK1+300, 转向角 $\alpha_{右}=23°03'38''$。请按要求使用非程序型函数计算器计算道路曲线主点 ZH、HY、QZ 点坐标, 及第一缓和曲线和圆曲线上指定中桩点 (如 K1+100、K1+280) 坐标。然后, 根据已知控制点 (表3.13), 使用全站仪点放样功能进行第一缓和曲线和圆曲线上指定中桩点放样。控制点和待放样曲线之间关系如图3.8所示
(2) 技术要求	对中误差不超过 2mm; 整平误差不超过 1 格; 定向误差平面应不超过 3cm, 高程不超过 5cm
(3) 工作步骤	①将已知数据标注在图上。 ②计算缓和曲线的常数。 ③计算缓和曲线要素。 ④根据交点里程和曲线要素推算主点里程。 ⑤曲线主点及指定中桩坐标计算。 ⑥在测站点安置全站仪, 定向。 ⑦全站仪坐标放样。 ⑧放样数据检核
(4) 仪器与工具	每组全站仪 1 台、三脚架 1 个、小钢尺 1 把、对中杆 1 套、棱镜 1 套
(5) 需提交成果	曲线常数、要素、主点里程及曲线中桩坐标计算成果和检测测设点坐标, 测设点的检核测量坐标

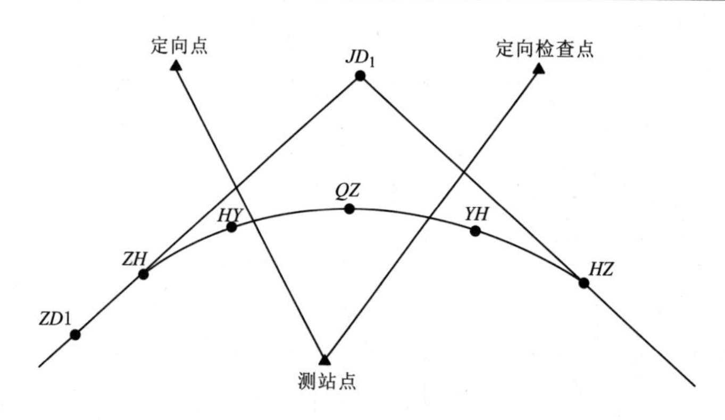

图3.8 曲线测设示意图

表3.13 控制点坐标

序号	点名	x/m	y/m	备注
1	测站点	480.938	733.524	
2	定向点	762.795	556.152	
3	检查点	762.832	834.015	

2. 任务学习与实施

2.1 任务引导学习（表 3.14）

表 3.14　　任务引导学习

概念	定　义
缓和曲线的常数	包括缓和曲线切线角 β_0、切垂距（切线增长值）m、内移距 p（图 3.9）
缓和曲线切线角 β_0	过 HY（或 YH）点的切线与 ZH（或 HZ）点的切线组成的角。即圆曲线被缓和曲线所代替的那一段弧长对应的圆心角（图 3.9）
切垂距 m	由圆心向切线作垂线的垂足到缓和曲线起点的距离（图 3.9）
内移距 p	加缓和曲线后，圆曲线相对于切线的内移量（图 3.9）
曲线要素	包括曲线半径 R、转向角 α、切线长 T、曲线总长 L、外矢距 E_0、切曲差 q，其中，曲线半径 R 为设计值，转向角 α 为实测值，均为已知，其他各曲线要素可由半径 R、转向角 α 以及曲线常数计算求得（图 3.10）

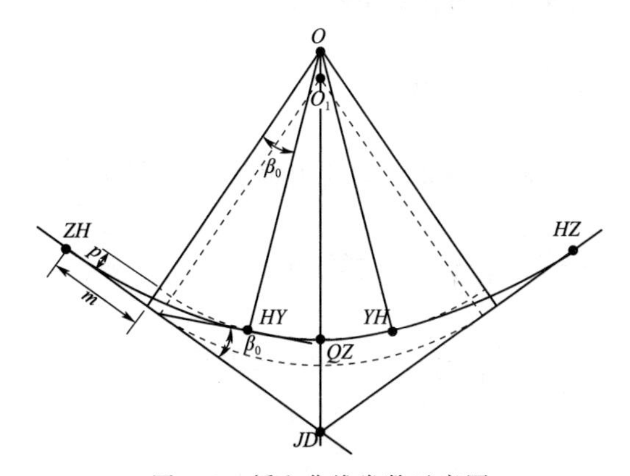

图 3.9　缓和曲线常数示意图

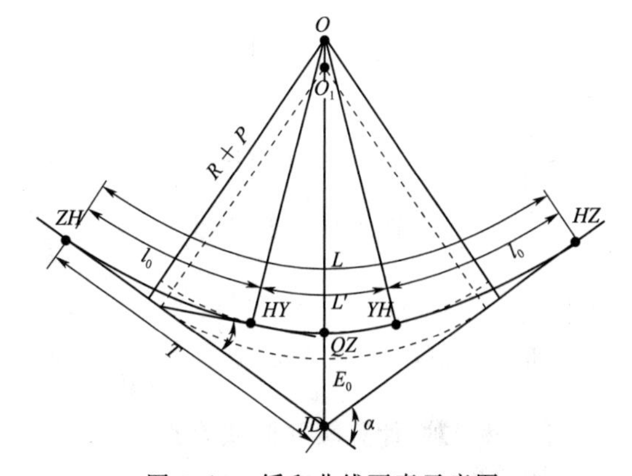

图 3.10　缓和曲线要素示意图

缓和曲线常数求解公式：

$$\beta_0=\frac{l_0}{2R}\times\frac{180^\circ}{\pi}$$

$$p=\frac{l_0^2}{24R}-\frac{l_0^4}{2688R^3}+\frac{l_0^6}{506880R^5}-\frac{l_0^8}{154828800R^7}$$

$$m=\frac{l_0}{2}-\frac{l_0^3}{240R^2}+\frac{l_0^5}{3456R^4}-\frac{l_0^7}{8386560R^6}+\frac{l_0^9}{3158507520R^8}$$

$$T=(R+p)\times\tan\frac{\alpha}{2}+m$$

$$L=2l_0+L'=2l_0+\frac{\pi R\times(\alpha-2\beta_0)}{180^\circ}$$

$$E_0=(R+p)\times\frac{1}{\cos\frac{\alpha}{2}}-R$$

$$q=2T-L$$

缓和曲线主点里程计算：

ZH 里程＝JD 里程－T

HY 里程＝ZH 里程＋l_0

YH 里程＝ZH 里程＋L'

HZ 里程＝YH 里程＋l_0

QZ 里程＝HZ 里程－$L/2$

计算校核：HZ 里程＝JD 里程＋$T-q$

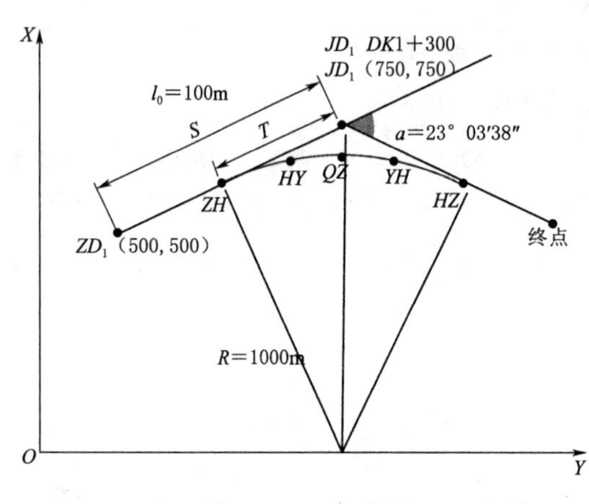

图 3.11　已知数据

2.2　任务计划实施

【步骤 1】　将已知数据标注在图上

根据任务说明将已知数据标注在图上(图 3.10)。

【步骤 2】　计算缓和曲线的常数缓和曲线切线角 β_o：$\beta_0=\dfrac{l_0}{2R}\times\dfrac{180^\circ}{\pi}=\dfrac{100}{2\times1000}\times\dfrac{180^\circ}{\pi}=2.865^\circ$

圆曲线相对切线内移量 p：　$p=\dfrac{l_0^2}{24R}=\dfrac{100^2}{24\times1000}=0.417(\text{m})$

切垂距 m：　$$m=\frac{l_0}{2}-\frac{l_0^3}{240R^2}=\frac{100}{2}-\frac{100^3}{240\times1000^2}=49.996(\text{m})$$

【步骤 3】　计算缓和曲线要素

切线长：

$$T=(R+p)\times\tan\frac{\alpha}{2}+m$$

$$=(1000+0.417)\times\tan\frac{23^\circ03'38''}{2}+49.996=254.088(\text{m})$$

曲线长：　$$L=2l_0+L'=2l_0+\frac{\pi R\times(\alpha-2\beta_o)}{180^\circ}=502.483\text{m}$$

外矢距：　$$E_0=(R+p)\times\frac{1}{\cos\dfrac{\alpha}{2}}-R=22.017\text{m}$$

切曲差：　$$q=2T-L=5.693\text{m}$$

【步骤 4】　根据交点里程和曲线要素推算主点里程

ZH 里程＝JD 里程－T＝$DK1+045.912$

HY 里程＝ZH 里程＋l_0＝$DK1+145.912$

QZ 里程＝ZH 里程＋$L/2$＝$DK1+297.154$

$$YH\text{ 里程}=QZ\text{ 里程}+L/2-l_0=DK1+448.395$$

$$HZ\text{ 里程}=YH\text{ 里程}+l_0=DK1+548.395$$

计算校核：　　$HZ\text{ 里程}=JD\text{ 里程}+T-q$

【步骤 5】 曲线主点及指定中桩坐标计算

（1）ZH 点坐标计算：

$$\cos\alpha_{JD_1,ZD_1}=\arctan\frac{500-750}{500-750}=225°$$

$$X_{ZH_1}=X_{JD_1}+T\cos\alpha_{JD_1,ZD_1}=570.333$$

$$Y_{ZH_1}=Y_{JD_1}+T\sin\alpha_{JD_1,ZD_1}=570.333$$

（2）HY 点坐标计算：

$$x_0=l_0-\frac{l_0^3}{40R^2}=99.975$$

$$y_0=\frac{l_0^2}{6R}=1.667$$

$$\cos\alpha_{ZD_1,JD_1}=\arctan\frac{750-500}{750-500}=45°$$

曲线为右转，则　　$\zeta=1$

$$\begin{aligned}X&=X_{ZH_i}+x\times\cos\alpha_{i-1,i}-\zeta\times y\times\sin\alpha_{i-1,i}\\&=570.333+99.975\times\cos45°-1\times1.667\times\sin45°=639.847\end{aligned}$$

$$\begin{aligned}Y&=Y_{ZH_i}+x\times\sin\alpha_{i-1,i}+\zeta\times y\times\cos\alpha_{i-1,i}\\&=570.333+99.975\times\sin45°+1\times1.667\times\cos45°=642.205\end{aligned}$$

（3）QZ 点坐标计算：

$$x_{QZ}=R\times\sin\varphi_i+m=1000\times\sin11.531°+49.996=249.894$$

$$y_{QZ}=R\times(1-\cos\varphi_i)+p=1000\times(1-\cos11.531°)+0.417=20.6$$

$$\cos\alpha_{ZD_1,JD_1}=\arctan\frac{750-500}{750-500}=45°$$

曲线为右转，则　　$\zeta=1$

$$\begin{aligned}X&=X_{ZH_i}+x\times\cos\alpha_{i-1,i}-\zeta\times y\times\sin\alpha_{i-1,i}\\&=570.333+249.894\times\cos45°-1\times20.6\times\sin45°=732.468\end{aligned}$$

$$\begin{aligned}Y&=Y_{ZH_i}+x\times\sin\alpha_{i-1,i}+\zeta\times y\times\cos\alpha_{i-1,i}\\&=570.333+249.894\times\sin45°+1\times20.6\times\cos45°=761.601\end{aligned}$$

（4）K1+100 中桩坐标计算：

$$x_i=l_i-\frac{l_i^5}{40R^2l_0^2}=54.088-\frac{54.088^5}{40\times1000^2\times100^2}=54.087$$

$$y_i=\frac{l_i^3}{6Rl_0}=\frac{54.088^3}{6\times1000\times100}=0.264$$

$$\cos\alpha_{ZD_1,JD_1}=\arctan\frac{750-500}{750-500}=45°$$

曲线为右转，则　　　　　　　　$\zeta=1$

$$X=X_{ZH_i}+x\times\cos\alpha_{i-1,i}-\zeta\times y\times\sin\alpha_{i-1,i}$$
$$=570.333+54.087\times\cos45^\circ-1\times0.264\times\sin45^\circ=608.392$$
$$Y=Y_{ZH_i}+x\times\sin\alpha_{i-1,i}+\zeta\times y\times\cos\alpha_{i-1,i}$$
$$=570.333+54.087\times\sin45^\circ+1\times0.264\times\cos45^\circ=608.765$$

（5）K1+280 中桩坐标计算：

$$x_i=R\times\sin\varphi_i+m=1000\times\sin10.548^\circ+49.996=233.055$$
$$y_i=R\times(1-\cos\varphi_i)+p=1000\times(1-\cos10.548^\circ)+0.417=17.315$$
$$\cos\alpha_{ZD_1,JD_1}=\arctan\frac{750-500}{750-500}=45^\circ$$

曲线为右转，则　　　　　　　　$\zeta=1$

$$X=X_{ZH_i}+x\times\cos\alpha_{i-1,i}-\zeta\times y\times\sin\alpha_{i-1,i}$$
$$=570.333+233.055\times\cos45^\circ-1\times17.315\times\sin45^\circ=722.884$$
$$Y=Y_{ZH_i}+x\times\sin\alpha_{i-1,i}+\zeta\times y\times\cos\alpha_{i-1,i}$$
$$=570.333+233.055\times\sin45^\circ+1\times17.315\times\cos45^\circ=747.371$$

【步骤6】 在测站点安置全站仪，定向

在测站点安置全站仪，后视方向点，测量检核点坐标，对已知控制点进行检核。

【步骤7】 全站仪坐标放样

根据中桩点坐标计算数据，使用全站仪点放样功能进行曲线中桩点实地放样，并在地面上做好标记。

【步骤8】 放样数据检核

测设工作结束后，对测设点进行检核测量，检核方法同全站仪坐标放样。

2.3　任务评价反馈

考核标准见表3.15。

表3.15　　考核标准表

<table>
<tr><td colspan="2">班级</td><td colspan="2"></td><td>姓名</td><td colspan="2"></td></tr>
<tr><td colspan="2">所在小组</td><td colspan="2"></td><td>学号</td><td colspan="2"></td></tr>
<tr><td colspan="2">小组成员</td><td colspan="5"></td></tr>
<tr><td colspan="2">任务名称</td><td colspan="5"></td></tr>
<tr><td rowspan="2">评价项目</td><td rowspan="2">评价内容</td><td colspan="4">评价方式</td><td rowspan="2">备注</td></tr>
<tr><td>学生自评</td><td>小组评价</td><td>教师评价</td><td>技能考核</td></tr>
<tr><td rowspan="5">职业素养</td><td>1. 出勤情况</td><td></td><td></td><td></td><td rowspan="5"></td><td rowspan="5">考核等级：
优、良、中、及格、差
评价权重：
学生自评0.2；
小组评价0.3；
技能考核0.3；
教师评价0.2</td></tr>
<tr><td>2. 工作态度</td><td></td><td></td><td></td></tr>
<tr><td>3. 爱护仪器工具</td><td></td><td></td><td></td></tr>
<tr><td>4. 遵守制度</td><td></td><td></td><td></td></tr>
<tr><td>5. 吃苦耐劳</td><td></td><td></td><td></td></tr>
</table>

续表

评价项目	评价内容	评价方式				备注
		学生自评	小组评价	教师评价	技能考核	
专业能力	6. 资料的收集与利用情况					考核等级：优、良、中、及格、差 评价权重： 学生自评 0.2； 小组评价 0.3； 技能考核 0.3； 教师评价 0.2
	7. 作业方案的合理性					
	8. 操作的正确性					
	9. 团队成果质量					
	10. 履行职责情况					
	11. 提交资料及时、齐全					
协同创新能力	12. 沟通与交流					
	13. 对作业依据的把握					
	14. 作业计划的合理性					
	15. 作业效率					
综合评价						

3. 任务拓展信息

使用 GNSS-RTK 完成圆曲线的测设，具体步骤参见项目 3 任务 2 已知坐标的测设。

项目4　渠道断面测量及土方量计算

渠道定测阶段在完成中线测量以后，还必须进行路线纵、横断面测量，并且通过计算横断面图的填、挖断面面积和相邻中桩的距离便可计算施工的土石方数量。

本项目共设置三项任务，分别为渠道纵断面测量、渠道横断面测量和土方量计算。

1. 项目概况

我国西部边陲某村庄干旱缺水，村庄上游5km有一河流，河水常年丰沛。现将修建一引水发电站解决该村庄资源匮乏问题。中桩点位分布如图4.1所示。

水准控制点坐标如下：

$$H_{BM_1}=76.605\text{m}, H_{BM_2}=74.451\text{m}$$

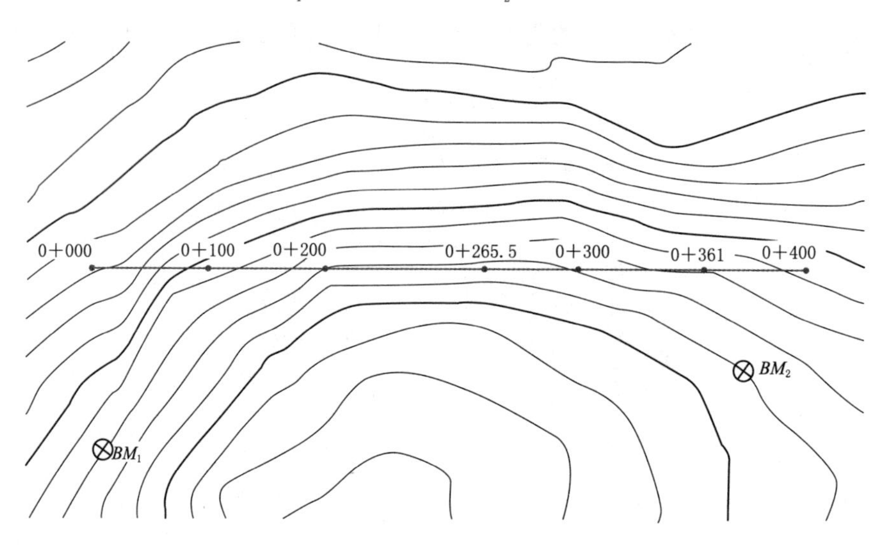

图4.1　渠道某段中桩点位成果图

2. 实训内容

实训内容及目标见表4.1。

表4.1　　**实训内容及目标**

学习任务	子任务	任务简介	课程思政元素	育人目标
任务1　渠道纵断面测量		掌握渠道纵断面测量的方法、步骤及技术要点	合作意识、严肃认真、精益求精	1. 增强学生团队协作，强调养成良好习惯的重要性。 2. 培养工匠精神的工作习惯

续表

学习任务	子任务	任务简介	课程思政元素	育人目标
任务2　渠道横断面测量		掌握渠道横断面测量的方法、步骤及技术要点	行业规范、团队协作、劳动精神	1. 认识到不同精度设备的差异，激发创新意识。 2. 培养学生吃苦耐劳的劳动精神
任务3　土方量计算		掌握土方量计算的方法、步骤及技术要点	家国情怀、保密意识、劳动精神	1. 增强学生国家安全观、自我保密意识。 2. 形成由点到面、层层递进的思维方式

任务1　渠道纵断面测量

1. 任务说明（表4.2）

表4.2　　任　务　说　明

（1）任务要求	已知 $H_{BM_1}=76.605\text{m}$，$H_{BM_2}=74.451\text{m}$，请利用水准仪每组完成300m长的直线纵断面测量
（2）技术要求	水准尺距仪器最远不得超过150m；两转点的前、后视距差值不大于20m；闭合差不得超过 $\pm40\sqrt{L}$ mm（L 为附合路线长度，单位以千米计）或者 $\pm12\sqrt{n}$ mm（n 为测站数），闭合差不用调整，但超限必须返工
（3）工作步骤	①读取后视读数，并计算视线高程。 ②观测前视点并分别记录前视读数。 ③计算测点高程。 ④计算校核和观测校核。 ⑤纵断面图绘制
（4）仪器与工具	每组水准仪1台、三脚架1个、水准尺1对、尺垫1对
（5）需提交成果	水准仪纵断面测量记录手簿1份

2. 任务学习与实施

2.1　任务引导学习（表4.3）

表4.3　　任务引导学习

概念	定　　义
纵断面测量	测定中心线上各里程桩的地面高程，绘制路线纵断面图。作为设计渠道坡度、计算中桩填挖尺寸的依据
渠道纵断面测量	利用渠道沿线布设的三、四等水准点，每段从一个水准点出发，将渠线分成若干段，按五等水准测量的要求逐个测定该段渠线上各中心桩的地面高程，再附合到另一个水准点上，其闭合差不得超过 $\pm40\sqrt{L}$ mm（L 为附合路线长度）或者 $\pm12\sqrt{n}$ mm（n 为测站数），闭合差不用调整，但超限必须返工

续表

概念	定　义
纵断面测量的方法	水准仪法、全站仪法；GNSS-RTK 法
水准仪法测纵断面	如图 4.2 所示，从 BM_1 引测高程，依次对里程桩 0+000、0+100……进行观测。由于这些桩相距不远，可以采用视线高法测量中心线上各里程桩的地面高程，即每一测站首先读取后视读数后，可连续观测几个前视点（水准尺距仪器最远不得超过 150m），然后转至下一站继续观测
纵断面图绘制	一般绘制在毫米方格纸上，以中线桩的里程为横坐标，其比例尺通常为 1∶1000～1∶10000，依渠道大小而定；高程为纵坐标，为了能明显地表示地面起伏情况，一般取高程比例尺比里程比例尺大 10～50 倍，可取 1∶50～1∶500，依地形类别而定。为了节省纸张和便于阅读，图上的高程可以不从零开始，而从某一合适的数值起绘

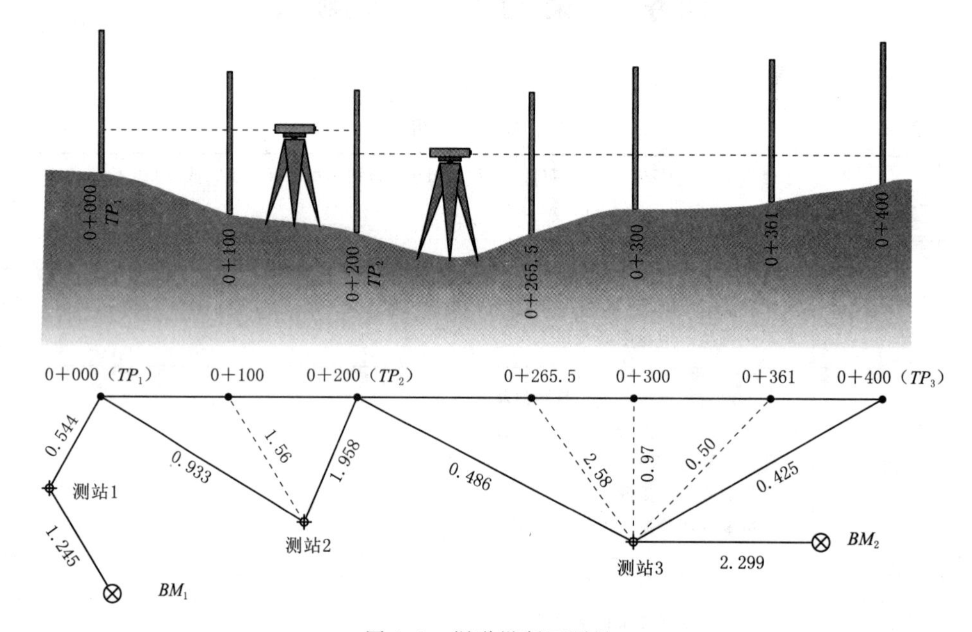

图 4.2　渠道纵断面测量

2.2　任务计划实施

【步骤 1】　读取后视读数，并算出视线高程

如图 4.2 所示，在第 1 站上后视 BM_1，读取为 1.245，则视线高程为 76.605+1.245=77.850（m），如图 4.3 所示。

【步骤 2】　观测前视点并分别记录前视读数

由于在一个测站上前视要观测若干个桩点，其中仅有一个点是起着传递高程作用的转点，而其余各点称为中间点。如图 4.2 所示，0+000 桩、0+200 桩、0+400 桩为转点，0+100 桩、0+265.5 桩、0+300 桩、0+361 桩为中间点。中间点上的前视读数精确到厘米即可，而转点上的观测精度将影响到以后各点，要求读至毫米，同时还应注意仪器到两转点的前、后视距离大致相等（差值不大于 20m）。用中心桩作为转点，要将尺垫置于中心桩一侧的地面，水准尺立在尺垫上。若尺垫与地面高差小于 2cm，可

代替地面高程。观测中间点时，可将水准尺立于紧靠中心桩旁的地面，直接测算得地面高程。

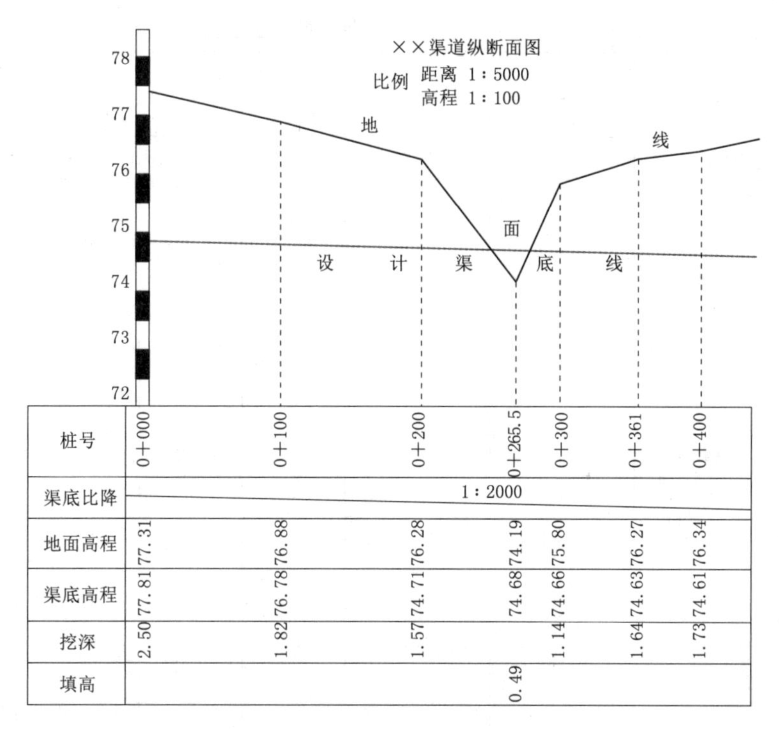

桩号	0+000	0+100	0+200	0+265.5	0+300	0+361	0+400
渠底比降	1：2000						
地面高程	77.31	76.88	76.28	74.19	75.80	76.27	76.34
渠底高程	77.81	76.78	74.71	74.68	74.66	74.63	74.61
挖深	2.50	1.82	1.57		1.14	1.64	1.73
填高				0.49			

图 4.3　纵断面图的绘制（单位：m）

【步骤 3】　计算测点高程

首先，从 BM_1（高程为 76.605m）引测高程，得 0+000（TP_1）高程，再将水准仪置于测站 2，后视转点 TP_1，计算得视线高程 78.239m；前视中间点 0+100 和转点 TP_2，将观测结果记入表 4.4 中，计算得 0+100 桩和转点 TP_2 的高程。按上述方法得到其余各点高程，记入表 4.4 中。

$$视线高程=后视点高程+后视读数$$

【步骤 4】　计算检核和观测检核

当经过数站观测后，附合到另一水准点 BM_2（高程已知），以检核这段渠线测量成果是否符合要求。为此，先要按下式检查各测点的高程计算是否有误，即

$$\sum 后视读数-\sum 转点前视读数=BM_2 的高程-BM_1 的高程$$

如例中，$\sum$后视读数$-\sum$转点前视读数$=BM_2$ 的高程$-BM_1$ 的高程$=-2.139$m，说明计算无误。

已知 BM_2 的高程为 74.451m，而测得的高程是 74.466m，则此段渠线的纵断面测量误差为 74.466m－74.451m＝＋15mm。此段共测了 7 站，允许误差为$\pm 10\sqrt{7}=\pm 26$（mm），观测误差小于允许误差，成果符合要求。由于各桩点的地面高程在绘制纵断面图时仅需精确到厘米，其高程闭合差可不进行调整。

表 4.4 　　　　**水准仪纵断面测量记录手簿**

班级__________ 组号__________ 观测者__________ 记录者__________

仪器型号__________ 日期__________ 测量时间__________

测站	测点	后视读数/m	视高线/m	前视读数/m		高程/m	备注
				中间点	转点		
1	BM_1	1.245	77.85			76.605	已知高程
	0+000 (TP_1)	0.933	78.239		0.544	77.306	
2	100			1.56		76.68	
	200 (TP_2)	0.486	76.767		1.958	76.281	
3	265.5			2.58		74.19	
	300			0.97		75.80	
	361			0.50		76.27	
	400 (TP_3)				0.425	76.342	
…	…	…	…	…	…	…	…
7	0+800 (TP_7)	0.848	75.790		1.121	74.942	
	BM_2				1.324	74.466	已知高程为 74.451m
计算检核	Σ	8.896			11.035	74.466−76.605=−2.139	
			8.896−11.035=−2.139				

【步骤5】 纵断面图的绘制

如图4.3所示，水平方向比例尺为1∶5000，高程比例尺为1∶100。根据各桩点的里程和高程在图上标出相应地面点位置，依次连接各点绘出地面线。再根据起点（0+000）的渠底设计高程、渠道比降和离起点的距离，均可以求得相应点处的渠底高程，从而绘出渠底设计线。然后，再根据各桩点的地面高程和渠底高程，即可算出各点的挖深或填高，分别填在图中相应的位置。

注意事项：

（1）用中心桩作为转点，要将尺垫置于中心桩一侧的地面，水准尺立在尺垫上。观测中间点时，可将水准尺立于紧靠中心桩旁的地面，直接测算得地面高程。中间点上的前视读数精确到cm，转点上要求精确至mm，同时还应注意仪器到两转点的前、后视距大致相等。

（2）为了能明显地表示地面起伏情况，一般取高程比例尺比里程比例尺大10～50倍。

2.3 任务评价反馈

考核标准见表4.5。

3. 任务拓展信息

（1）使用全站仪坐标测量的方法完成该任务。

（2）使用GNSS-RTK坐标测量的方法完成该任务。

表 4.5　　　　考 核 标 准 表

班级			姓名			
所在小组			学号			
小组成员						
任务名称						
评价项目	评价内容	评价方式				备注
		学生自评	小组评价	教师评价	技能考核	
职业素养	1. 出勤情况					考核等级：优、良、中、及格、差 评价权重： 学生自评 0.2； 小组评价 0.3； 技能考核 0.3； 教师评价 0.2
	2. 工作态度					
	3. 爱护仪器工具					
	4. 遵守制度					
	5. 吃苦耐劳					
专业能力	6. 资料的收集与利用情况					
	7. 作业方案的合理性					
	8. 操作的正确性					
	9. 团队成果质量					
	10. 履行职责情况					
	11. 提交资料及时、齐全					
协同创新能力	12. 沟通与交流					
	13. 对作业依据的把握					
	14. 作业计划的合理性					
	15. 作业效率					
综合评价						

任务 2　渠道横断面测量

1. 任务说明（表 4.6）

表 4.6　　　　任　务　说　明

项目	内容
（1）任务要求	中线桩处测定垂直于中线方向的地面起伏变化情况，然后绘成横断面图。渠道纵断面里程桩桩位如图 4.4 所示
（2）技术要求	以中心桩为零起算，面向渠道下游分为左、右侧，一般距离记录时左负、右正；为了计算方便，要求纵横比例尺应一致，一般取 1∶100 或 1∶200
（3）工作步骤	①定横断面方向。 ②测出坡度变化点间的距离和高差。 ③横断面图绘制
（4）仪器与工具	每组水准仪 1 台、三脚架 1 个、水准尺 1 对、尺垫 1 对，垂球 1 个
（5）需提交成果	水准仪横断面测量记录手簿 1 份

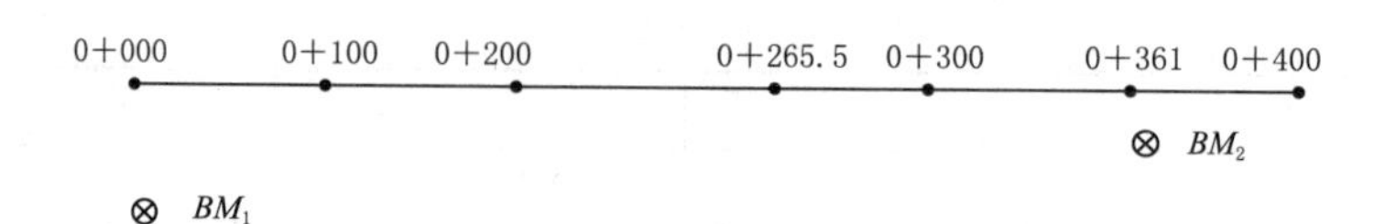

图4.4 渠道纵断面里程桩桩位

2. 任务学习与实施

2.1 任务引导学习（表4.7）

表4.7 任务引导学习

概念	定义
横断面测量	在各中线桩处测定垂直于中线方向的地面起伏变化情况，然后绘成横断面图
横断面测量的方法	水准仪法、全站仪法；GNSS-RTK法
横断面图绘制	一般绘制在毫米方格纸上，以距离中线桩的里程为横坐标（左－，右＋），高程为纵坐标，为了计算方便，纵横比例尺应一致，一般取1∶100或1∶200，小渠道也可采用1∶50

2.2 任务计划实施

【步骤1】 定横断面方向

在中桩（K0+100）处安置水准仪，使用垂球对中；然后在K0+200处设立标尺，旋转水准仪照准标尺同时调整水准仪上的水平度盘为0°00′00″，确定纵断面的方向；最后根据水平度盘刻度将照准部旋转±90°，此方向即是该桩点处的横断面方向。

【步骤2】 测出坡度变化点间的距离和高差

测量时，以中心桩为零起算，面向渠道下游分为左、右侧，测出各地形特征点相对于中线桩的平距和高差。测定方法如下：

如图4.5所示，安置水准仪后，以中线桩地面高程点为后视，以中线桩两侧横断面地形特征点为前视，标尺读数至厘米。用皮尺分别量出各特征点到中线桩的水平距离，量至分米，记录格式见表4.8，表中按路线前进方向分左、右侧记录。以分式表示高差和水平距离。

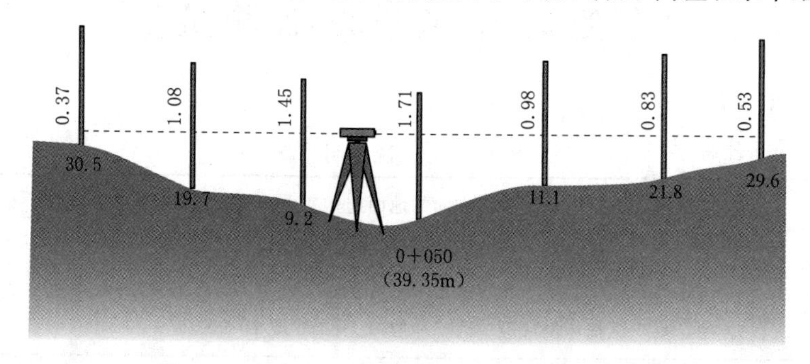

图4.5 水准仪皮尺法测量横断面（单位：m）

【步骤3】 横断面图绘制

为了计算方便，纵横比例尺应一致，一般取1∶100或1∶200，小渠道也可采用1∶50。绘图时，首先在方格纸适当位置定出中心桩点，以水平距离为横坐标，以高程为纵坐标，将地面特征点绘在毫米方格纸上，依次连接各点，即成横断面的地面线，如图4.6所示。

表 4.8　　水准仪横断面测量记录手簿

班级＿＿＿＿＿　组号＿＿＿＿＿　观测者＿＿＿＿＿　记录者＿＿＿＿＿

仪器型号＿＿＿＿＿　日期＿＿＿＿＿　测量时间＿＿＿＿＿

前视读数（左侧）/水平距离	后视读数/中心桩号（高程）	前视读数（右侧）/距离
$\frac{0.37}{30.5}$ $\frac{1.08}{19.7}$ $\frac{1.45}{9.2}$	$\frac{1.71}{0+0.50\ (39.35\text{m})}$	$\frac{0.98}{11.1}$ $\frac{0.83}{21.8}$ $\frac{0.53}{29.6}$

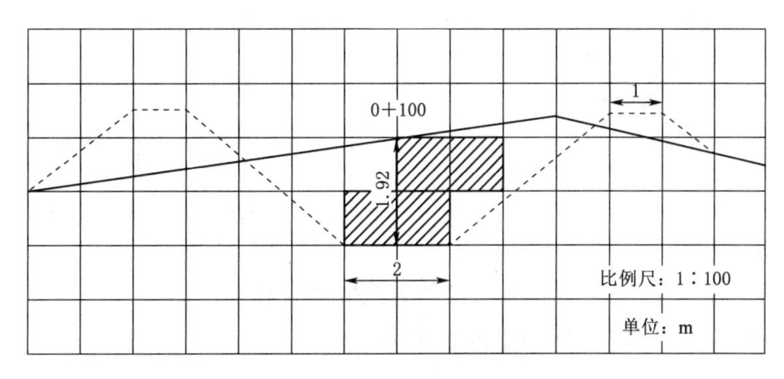

图 4.6　渠道横断面图

注意事项：

(1) 以中心桩为零起算，面向渠道下游分为左、右侧，一般距离记录时左负、右正。

(2) 为了计算方便，要求纵横比例尺应一致，一般取 1：100 或 1：200。

2.3　任务评价反馈

考核标准见表 4.9。

表 4.9　　考核标准表

班级			姓名			
所在小组			学号			
小组成员						
任务名称						
评价项目	评价内容	评价方式				备注
		学生自评	小组评价	教师评价	技能考核	
职业素养	1. 出勤情况					
	2. 工作态度					
	3. 爱护仪器工具					
	4. 遵守制度					
	5. 吃苦耐劳					

续表

评价项目	评价内容	评价方式				备注
		学生自评	小组评价	教师评价	技能考核	
专业能力	6. 资料的收集与利用情况					考核等级：优、良、中、及格、差 评价权重： 学生自评 0.2； 小组评价 0.3； 技能考核 0.3； 教师评价 0.2
	7. 作业方案的合理性					
	8. 操作的正确性					
	9. 团队成果质量					
	10. 履行职责情况					
	11. 提交资料及时、齐全					
协同创新能力	12. 沟通与交流					
	13. 对作业依据的把握					
	14. 作业计划的合理性					
	15. 作业效率					
综合评价						

3. 任务拓展信息

(1) 使用全站仪坐标测量与对边测量的方法完成该任务。

(2) 使用 GNSS－RTK 坐标测量的方法完成该任务。

任务3　土 方 量 计 算

1. 任务说明（表 4.10）

表 4.10　　任　务　说　明

(1) 任务要求	根据任务1渠道纵断面测量和任务2渠道横断面测量成果，计算土方量
(2) 技术要求	套绘设计断面时，其比例尺与横断面图的比例尺相同；数方格时，先数完整的方格数目，再将不完整的方格目估拼凑成整方格，最后加在一起，得到总方格数
(3) 工作步骤	①确定断面的填、挖范围。 ②计算断面的填、挖面积。 ③计算土方量
(4) 仪器与工具	米格纸、计算器、纵断面图、横断面图
(5) 需提交成果	渠道土方计算表1份

2. 任务学习与实施

2.1　任务引导学习

为了使渠道断面符合设计要求，渠道工程必须在地面上挖深或填高，同时为了编制渠道工程的经费预算，需要计算渠道开挖和填筑的土、石方数量，所填挖的体积以 m^3 为单位，称为土方量。土方量计算的方法常采用平均断面法。如图 4.7 所示，先算出相邻两中心桩应挖（或填）的横断面面积，取其平均值，再乘以两断面间的距离，即得两中心桩之

间的土方量。用以下公式表示：

$$V=\frac{1}{2}(A_1+A_2)D \qquad (4.1)$$

式中：V 为两中心桩间的土方量，m^3；A_1、A_2 为两中心桩应挖或填的横断面面积，m^2；D 为两中心桩间的距离，m。

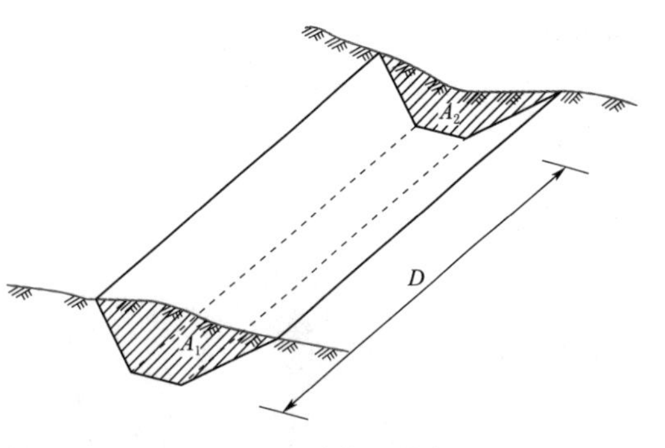

图 4.7　土方计算平均断面法

2.2　任务计划实施

【步骤 1】　确定断面的填、挖范围

一般土质渠道的标准设计断面如图 4.8 所示，组成梯形断面的要素有内边坡、外边坡、渠底宽、渠顶宽、水深、超高等。

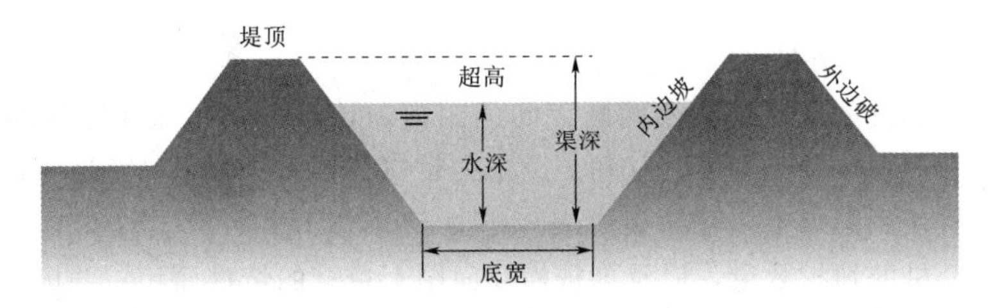

图 4.8　土质渠道标准设计断面

确定填挖范围时，可以将设计横断面套绘在相应桩号的横断面图上。套绘时，先在透明纸上画出渠道设计横断面，其比例尺与横断面图的比例尺相同，然后根据中心桩将挖深或填高数套绘到横断面图上。如图 4.6 所示，欲在该图上套绘设计断面，则先从纵断面图上查得 0+100 桩号应挖深 1.92m，再在该横断面图的中心桩处向下按比例量取 1.92m，得到渠底的中心位置，然后将绘有设计横断面的透明纸覆盖在横断面图上，透明纸上的渠底中点对准图上相应点，渠底线平行于方格横线，用针刺或压痕的方法将设计断面的轮廓点转到图纸上，连接各点，即将设计横断面套绘在横断面图上。这样，根据套绘在一起的地面线和设计断面线就能表示出应挖或应填范围。

【步骤 2】　计算断面的挖填面积

设计横断面与地形断面交线围成的面积，即为该断面挖方或填方的面积。计算面积的方法有很多，通常采用的方法有方格法和梯形法。

(1) 方格法。方格法是将欲测图形分成若干个小方格，方格边长以厘米为单位，分别数出图形范围内挖方或填方范围内的方格数，然后乘以每个方格代表的面积，从而求得图形面积。数方格时，先数完整的方格数目，再将不完整的方格目估拼凑成整方格，最后加在一起，得到总方格数。如图 4.6 所示，图形中间部分为挖方，以厘米方格为单位，有 4 个完整方格（图中打有斜线的地方），其余为不完整方格（没有斜线的地方），将其凑整共有 4.4 个方格，则挖方范围的总方格数为 8.4 个方格。图上方格边长为 1cm，即面积为 $1cm^2$，图的比例尺为 1∶100，则一个方格的实际面积为 $1m^2$，因此该处的挖方面积为 8.4×1=8.4（m^2）。

(2) 梯形法。梯形法是将欲测图形分成若干等高的梯形，然后按梯形面积的计算公式进行量测和计算，求得图形面积。如图 4.9 所示，将中间挖方图形划分为若干梯形，其中

l_i 为梯形的中线长，h 为梯形的高，为了计算方便，常将梯形的高采用1cm，这样只需量取各梯形的中线长并相加，按下式即可求得图形面积 A：

$$A=h(l_1+l_1+\cdots+l_n)=h\sum l \tag{4.2}$$

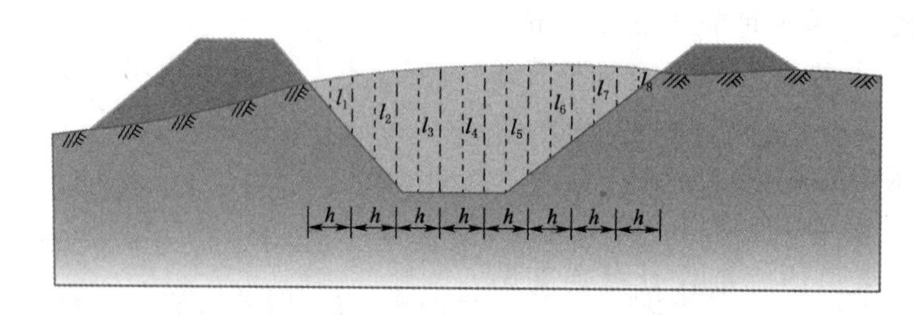

图4.9　用梯形法计算面积

【步骤3】 计算土方量

根据相邻中心桩的设计面积及两断面间的距离，计算出相邻横断面间的挖方或填方量，然后将挖方和填方量分别求其总和。总土方量应等于总挖方量与总填方量之和。

土方量计算使用渠道土方计算表（表4.11）逐项填写和计算。计算时，将从纵断面图上查取各中心桩的填挖数量，以及各桩横断面图上量算的填挖面积一并填入表中，然后根据体积公式即可求得两中心桩之间的土方数量。

表4.11　　**渠道土方计算表**

桩号	中心桩填挖/m		面积/m²		平均面积/m²		距离/m	土方量/m³		备注
	挖	填	挖	填	挖	填		挖	填	
0+000	2.50		8.12	3.15	8.26	3.08	100	826	308	
100	1.92		8.40	3.01	6.13	4.06	100	613	406	
200	1.57		3.86	5.11	2.28	5.28	50	114	264	
250	0		0.70	5.45	0.35	6.29	15.5	5	97	
265.5		0.49	0	7.13						
…	…	…	…	…	…	…	…	…	…	…
0+800	0.47		5.64	4.91						
共计								4261	3606	

当相邻两断面既有填方又有挖方时，应分别计算填方量和挖方量，如0+000与0+100两中心桩之间的土方量为：

$$V_{挖}=\frac{1}{2}(8.40+8.12)\times100=826(\mathrm{m}^3)$$

$$V_{填}=\frac{1}{2}(3.15+3.10)\times100=308(\mathrm{m}^3)$$

如果相邻断面有挖方和填方，则两断面之间必有不挖也不填点，该点称为零点，即纵断面图上地面线与渠底设计线的交点，可以从图上量得，也可按比例关系求得。由于零点是指渠底中心线上为不挖也不填点，而该点处横断面的填方和挖方面积不一定都为零，故

还应到实地补测该点处的横断面，然后再分段算出有关相邻两断面间的土方量。

注意事项：

土方量的精度与断面间距的长度有关，断面间距越小，精度就越高，但计算量大。因此，断面法存在着计算精度和计算速度的矛盾。这要求我们在实际工作中根据工程需要合理选择断面间隔。

2.3　任务评价反馈

考核标准见表4.12。

表4.12　　**考核标准表**

<table>
<tr><td colspan="2">班级</td><td colspan="2"></td><td>姓名</td><td colspan="2"></td></tr>
<tr><td colspan="2">所在小组</td><td colspan="2"></td><td>学号</td><td colspan="2"></td></tr>
<tr><td colspan="2">小组成员</td><td colspan="5"></td></tr>
<tr><td colspan="2">任务名称</td><td colspan="5"></td></tr>
<tr><td rowspan="2">评价项目</td><td rowspan="2">评价内容</td><td colspan="4">评价方式</td><td rowspan="2">备注</td></tr>
<tr><td>学生自评</td><td>小组评价</td><td>教师评价</td><td>技能考核</td></tr>
<tr><td rowspan="5">职业素养</td><td>1. 出勤情况</td><td></td><td></td><td></td><td rowspan="15"></td><td rowspan="15">考核等级：
优、良、中、
及格、差
评价权重：
学生自评0.2；
小组评价0.3；
技能考核0.3；
教师评价0.2</td></tr>
<tr><td>2. 工作态度</td><td></td><td></td><td></td></tr>
<tr><td>3. 爱护仪器工具</td><td></td><td></td><td></td></tr>
<tr><td>4. 遵守制度</td><td></td><td></td><td></td></tr>
<tr><td>5. 吃苦耐劳</td><td></td><td></td><td></td></tr>
<tr><td rowspan="6">专业能力</td><td>6. 资料的收集与利用情况</td><td></td><td></td><td></td></tr>
<tr><td>7. 作业方案的合理性</td><td></td><td></td><td></td></tr>
<tr><td>8. 操作的正确性</td><td></td><td></td><td></td></tr>
<tr><td>9. 团队成果质量</td><td></td><td></td><td></td></tr>
<tr><td>10. 履行职责情况</td><td></td><td></td><td></td></tr>
<tr><td>11. 提交资料及时、齐全</td><td></td><td></td><td></td></tr>
<tr><td rowspan="4">协同创新能力</td><td>12. 沟通与交流</td><td></td><td></td><td></td></tr>
<tr><td>13. 对作业依据的把握</td><td></td><td></td><td></td></tr>
<tr><td>14. 作业计划的合理性</td><td></td><td></td><td></td></tr>
<tr><td>15. 作业效率</td><td></td><td></td><td></td></tr>
<tr><td colspan="2">综合评价</td><td></td><td></td><td></td><td></td><td></td></tr>
</table>

3. 任务拓展信息

利用南方CASS计算该任务的土方量。

附录

附表1　　水准仪各部件及作用

部件名称	功　　能

附表 2　　普通水准测量记录表

班级＿＿＿＿＿＿　组号＿＿＿＿＿　观测者＿＿＿＿＿　记录者＿＿＿＿＿

仪器型号＿＿＿＿＿　日期＿＿＿＿＿　测量时间＿＿＿＿＿

测站	测点	后视读数/m	前视读数/m	高差/m	高程/m	备注
						正常仪器高
检核计算						
						变换仪器高
检核计算						
						红面检核
检核计算						

附表 3 **闭合水准测量记录手簿**

班级________ 组号________ 观测者________ 记录者________

仪器型号________ 日期________ 测量时间________

测站	测点	后视读数/m	前视读数/m	备注
1				
2				
3				
4				
5				
6				

附表 4 **闭合水准路线的成果计算表**

点名	测站数	实测高差/m	高差改正数/m	改正后高差/m	高程/m	备注
检核计算	$f_h=\sum h_{测}=$ $f_{h容}=\pm 12\sqrt{n}=$					

附表 5 ***i* 角检验记录手簿**

班级________ 组号________ 观测者________ 记录者________

仪器型号________ 日期________ 测量时间________

仪器在中间求正确高差			仪器在前视点旁检验结果		
第一次	后视读数 a_1		第一次	后视读数 a_2	
	前视读数 b_1			前视读数 b_2	
	$h_1=a_1-b_1$			后视读数 $a_2'=h_{AB}+b_2$	
第二次	后视读数 a_1'			误差值 $a_2'-a_2$	
	前视读数 b_1'				
	$h_2=a_1'-b_1'$				
	$h_{AB}=\frac{1}{2}(h_1+h_2)=$				
				i 角	
结论	$i=\mid a_2-a_2 \mid \rho/D_{AB}=$				

附表 6 **全站仪构造**

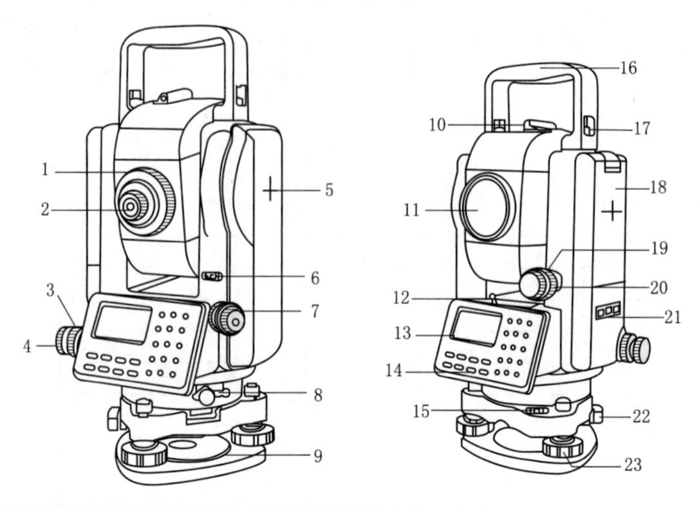

序号	操作部件名称	作　　用
1		
2		
3		
4		
5		
6		
7		
8		
9		
10		
11		
12		
13		
14		
15		
16		
17		
18		
19		
20		
21		
22		
23		

附表 7 **全站仪按键功能**

符　号	名　称	符　号	名　称
VZ		Z	
VH		ST/BS/SS	/　/
V%		Ins. Hi（I. HT）	
HR/HL		Ref. Hr（R. HT）	
SD/HD/VD	/　/		
N			
E		ANG	

附表 8 **水平角观测记录手簿（测回法）**

班级＿＿＿＿＿＿ 组号＿＿＿＿＿ 观测者＿＿＿＿＿ 记录者＿＿＿＿＿

仪器型号＿＿＿＿＿ 日期＿＿＿＿＿ 测量时间＿＿＿＿＿

测站	竖盘位置	目标	水平度盘读数/(° ′ ″)	半测回角值/(° ′ ″)	一测回平均值/(° ′ ″)	各测回平均值/(° ′ ″)

附表 9 **竖直角观测记录手簿**

班级＿＿＿＿＿＿ 组号＿＿＿＿＿ 观测者＿＿＿＿＿ 记录者＿＿＿＿＿

仪器型号＿＿＿＿＿ 日期＿＿＿＿＿ 测量时间＿＿＿＿＿

测站	目标	竖盘位置	竖盘读数/(° ′ ″)	半测回角值/(° ′ ″)	指标差/(″)	一测回竖直角/(° ′ ″)	各测回竖直角/(° ′ ″)

附表 10　　　　**水平距离观测记录手簿**

班级________　组号________　观测者________　记录者________

仪器型号________　日期________　测量时间________

边长名	距离/m	一测回平均值/m	各测回平均值/m

附表 11　　　　**水平角（方向法）观测手簿**

班级________　组号________　观测者________　记录者________

仪器型号________　日期________　测量时间________

测站	测回数	目标	读数		2C/(″)	平均读数 /(° ′ ″)	归零方向值 /(° ′ ″)	各测回归零方向平均值 /(° ′ ″)
			盘左 L /(° ′ ″)	盘右 R /(° ′ ″)				
测站						(23)		
			(1)	(11)	(13)	(18)	(24)	(28)
			(2)	(10)	(14)	(19)	(25)	(29)
			(3)	(9)	(15)	(20)	(26)	(30)
			(4)	(8)	(16)	(21)	(27)	(31)
			(5)	(7)	(17)	(22)		
	归零差		(6)	(12)				
	归零差							
	归零差							

附表 12 **全站仪坐标测量记录手簿**

班级____________ 组号__________ 观测者__________ 记录者__________

仪器型号__________ 日期__________ 测量时间__________

测点	坐　标/m			棱镜高/m	备注
	x	y	z		
1					测站点 X：________ Y：________ Z：________ 后视点 X：________ Y：________ Z：________ 后视点检核 X：________ Y：________ Z：________
2					
3					
4					
5					

附表 13 **RTK 坐标测量记录手簿**

班级____________ 组号__________ 观测者__________ 记录者__________

仪器型号__________ 日期__________ 测量时间__________

测点	坐　标/m			天线高/m	备注
	x	y	z		
1					已知点 X：________ Y：________ Z：________ 已知点检核 X：________ Y：________ Z：________
2					
3					
4					
5					

附表 14

导线测量记录手簿

班级________ 组号________ 观测者________ 记录者________

仪器型号________ 日期________ 测量时间________

测站	盘位	目标	水平度盘读数			半测回水平角值			一测回水平角平均角值			水平距离观测值
			°	′	″	°	′	″	°	′	″	m

附表 15　　水平距离测量记录表

边　长	水平距离/m	平均值/m

附表 16　　闭合导线计算成果表

点号	观测角/(° ′ ″)	改正角/(° ′ ″)	坐标方位角/(° ′ ″)	距离 D/m	坐标增量		改正后增量		坐标值	
					Δx/m	Δy/m	Δx/m	Δy/m	x/m	y/m
1										
2										
3										
4										
1										
2										
Σ										
辅助计算										

附表 17 **导线点成果表**

点　号	坐　标	
	X	Y

附表 18 **附合导线内业计算表**

点号	观测角 /(° ′ ″)	改正角 /(° ′ ″)	坐标方位角 /(° ′ ″)	距离 D/m	坐标增量		改正后增量		坐标值	
					Δx/m	Δy/m	Δx/m	Δy/m	x/m	y/m
A										
B										
1										
2										
3										
4										
C										
D										
Σ										
辅助计算										

附表 19 **四等水准测量记录手簿**

班级__________ 组号__________ 观测者__________ 记录者__________

仪器型号__________ 日期__________ 测量时间__________

测站编号	测点编号	后尺 上丝	前尺 上丝	方向及尺号	标尺读数		K+黑−红/mm	高差中数/m	备注
		后尺 下丝	前尺 下丝		黑面	红面			
		后视距	前视距						
		视距差 d	$\sum d$						
		(1)	(4)	后	(3)	(8)	(14)		
		(2)	(5)	前	(6)	(7)	(13)		
		(9)	(10)	后−前	(15)	(16)	(17)	(18)	
		(11)	(12)						
				后 BM_1					
				前					
				后−前					
				后					
				前					$K_1=$
				后−前					$K_2=$
				后					
				前					
				后−前					
				后					
				前 BM_2					
				后−前					
每页校核									

附表 20 **三角测量测量记录手簿**

班级__________ 组号__________ 观测者__________ 记录者__________

仪器型号__________ 日期__________ 测量时间__________

测段	往返	斜距/m	垂直角	仪器高/m	棱镜高/m	高差/m	高差平均值/m

附表 21　　**已知高程放样记录手簿**

班级＿＿＿＿　组号＿＿＿＿　观测者＿＿＿＿　记录者＿＿＿＿

仪器型号＿＿＿＿　日期＿＿＿＿　测量时间＿＿＿＿

已知点高程/m	A	72.155	放样点设计高程/m	B	72.386
				C	72.527
放样元素计算：					

附表 22　　**坐标放样检核记录手簿**

班级＿＿＿＿　组号＿＿＿＿　观测者＿＿＿＿　记录者＿＿＿＿

仪器型号＿＿＿＿　日期＿＿＿＿　测量时间＿＿＿＿

平距	设计值/m	实测值/m	差值/m	相对误差	水平角	设计值 /(°′″)	实测值 /(°′″)	差值 /(″)

附表 23　　**RTK 坐标测量记录手簿**

班级＿＿＿＿　组号＿＿＿＿　观测者＿＿＿＿　记录者＿＿＿＿

仪器型号＿＿＿＿　日期＿＿＿＿　测量时间＿＿＿＿

点号	设计值/m		实测值/m		差值/m	
	X	Y	X	Y	ΔX	ΔY

附表 24　　圆曲线的测设记录手簿

班级________　组号________　观测者________　记录者________

仪器型号________　日期________　测量时间________

1. 曲线常数、要素、主点里程及曲线中桩坐标计算成果   2. 定向数据检核   3. 放样数据检核

附表 25　　水准仪纵断面测量记录手簿

班级________　组号________　观测者________　记录者________

仪器型号________　日期________　测量时间________

<table>
<tr><th rowspan="2">测站</th><th rowspan="2">测点</th><th rowspan="2">后视读数/m</th><th rowspan="2">视高线/m</th><th colspan="2">前视读数/m</th><th rowspan="2">高程/m</th><th rowspan="2">备注</th></tr>
<tr><th>中间点</th><th>转点</th></tr>
<tr><td rowspan="2">1</td><td></td><td></td><td></td><td></td><td></td><td></td><td></td></tr>
<tr><td></td><td></td><td></td><td></td><td></td><td></td><td></td></tr>
<tr><td rowspan="2">2</td><td></td><td></td><td></td><td></td><td></td><td></td><td></td></tr>
<tr><td></td><td></td><td></td><td></td><td></td><td></td><td></td></tr>
<tr><td rowspan="4">3</td><td></td><td></td><td></td><td></td><td></td><td></td><td></td></tr>
<tr><td></td><td></td><td></td><td></td><td></td><td></td><td></td></tr>
<tr><td></td><td></td><td></td><td></td><td></td><td></td><td></td></tr>
<tr><td></td><td></td><td></td><td></td><td></td><td></td><td></td></tr>
<tr><td>…</td><td></td><td></td><td></td><td></td><td></td><td></td><td></td></tr>
<tr><td rowspan="2">7</td><td></td><td></td><td></td><td></td><td></td><td></td><td></td></tr>
<tr><td></td><td></td><td></td><td></td><td></td><td></td><td></td></tr>
<tr><td rowspan="2">计算检核</td><td></td><td></td><td></td><td colspan="2"></td><td rowspan="2"></td><td rowspan="2"></td></tr>
<tr><td></td><td></td><td></td><td colspan="2"></td></tr>
</table>

附表 26 **水准仪横断面测量记录手簿**

左边	前视读数（高差） 距离	后视读数 中心桩号（高程）	前视读数（高差） 距离	右边

附表 27 **渠道土方计算表**

桩号	中心桩填挖/m		面积/m^2		平均面积/m^2		距离/m	土方量/m^3		备注
	挖	填	挖	填	挖	填		挖	填	
共计										

参　考　文　献

［1］ GB 50026—2020 工程测量标准［S］. 北京：中国计划出版社，2021.
［2］ SL 52—2015 水利水电工程施工测量规范［S］. 北京：中国水利水电出版社，2015.
［3］ SL 197—2013 水利水电工程测量规范［S］. 北京：中国水利水电出版社，2013.
［4］ GB/T 12898—2009 国家三、四等水准测量规范［S］. 北京：中国标准出版社，2009.
［5］ CH/T 2009—2010 全球定位系统实时动态测量（RTK）技术规范［S］. 北京：测绘出版社，2010.
［6］ 张雪锋，刘勇进. 水利工程测量［M］. 北京：中国水利水电出版社，2021.
［7］ 赵红. 水利工程测量［M］. 2 版. 北京：中国水利水电出版社，2016.
［8］ 赵桂生，刘爱军. 水利工程测量［M］. 北京：中国水利水电出版社，2014.
［9］ 张冠军，张志刚，于华. GPS RTK 测量技术实用手册［M］. 北京：人民交通出版社，2014.